Rudi Beiser

Vermarktung von Kräuterprodukten

Rechtliche Rahmenbedingungen für Kräuterführungen, Kosmetika, Arznei- und Lebensmittel

Inhalt

3	**Kräuterprodukte vermarkten?**
4	**Kräuterführungen, Kräuterwanderungen, Kräuterkurse**
4	Nicht vergessen: Haftungsausschluss
5	Keine Diagnosen und Behandlungsvorschläge
5	Arzneimittelherstellung darf in Kursen gelehrt werden
6	Rechtslage für die Entnahme wildlebender Pflanzen
6	Ist Wildkräutersammeln für einen Kurs gewerblich?
8	**Gesetzliche Bestimmungen zur Vermarktung von Kräutern**
8	Kräuter finden sich in vielen Produkten
9	Überblick über die Gesetze und Verordnungen
10	Arzneimittel, Lebensmittel, Kosmetika: Wozu zählen Kräuter?
11	Die Zweckbestimmung entscheidet
12	Beispiele zu Verkehrsauffassung und Verbrauchergewohnheit
14	**Die Vermarktung von Kräutern als Arzneimittel**
14	Arzneimittel sind zulassungspflichtig
15	Arzneimittel herstellen: teuer und (zeit)aufwendig
17	Das Arzneibuch definiert die Anforderungen
19	Erleichterte Zulassung für freiverkäufliche Arzneimittel
21	Freiverkäufliche Arzneimittel erfordern Sachkundenachweis
22	Arzneipflanzenanbau ist problemlos
23	Ausnahme für Ärzte und Heilpraktiker
25	**Die Vermarktung von Kräutern als Lebensmittel**
25	Haftung und Hygienevorschriften
39	Gewerberecht und Steuerrecht für Direktvermarkter
44	Rechtliche Grundlagen der Lebensmittelkennzeichnung
70	Kennzeichnung unverpackter Ware
72	Ausnahmen bei der Kennzeichnung
75	Abgrenzung der Lebensmittel von Arzneimitteln und Novel Food
84	**Die Vermarktung von Kräutern als Kosmetika**
84	Einheitliches Kosmetikrecht in der EU
85	Abgrenzung zu Arzneimitteln
85	Die „Verantwortliche Person"
86	Überprüfungspflicht und Lieferkette
87	Qualitätssicherheit durch Gute Herstellungspraxis (GMP)
88	Ein Knackpunkt: Sicherheitsbewertung und Sicherheitsbericht
93	Alle wichtigen Informationen sammeln: die Produktinformationsdatei
94	Notifizierung – Pflichtmeldung übers Internetportal
96	Einschränkungen für bestimmte Stoffe
97	Tierversuche nicht erwünscht
97	Was muss aufs Etikett?
100	Werbeaussagen müssen wahrheitsgemäß sein
100	Unerwünschte Wirkungen melden
100	Für kleine Hersteller schwer, aber machbar
103	**Service**
103	Adressen
108	Schnell gefunden

Kräuterprodukte vermarkten?

In den letzten Jahren erlebten Heil- und Wildkräuter eine kleine Renaissance. In Heilpflanzen- und Naturschulen wird Kräuterwissen vermittelt, und so mancher Teilnehmer bekommt Lust, das Erlernte als Geschäftsidee umzusetzen:

Warum also nicht Kräuterkurse und Wildkräuterführungen anbieten? Vielleicht möchten Sie aber lieber Kräuter für Teemischungen anbauen. Oder wollen Sie auf dem Wochenmarkt selbst gefertigtes Kräutersalz und Kräuteressig verkaufen? Möglicherweise soll es auch eine Kräuterseife oder ein Badesalz sein?

Einfach loszulegen, ohne sich sachkundig zu machen, kann unter Umständen unangenehme Folgen haben. Es kommt immer wieder vor, dass selbst hergestellte Salben wegen Verstößen gegen das Arzneimittelrecht oder gegen die Kosmetikverordnung beanstandet werden. Nicht weniger häufig bekommen Kräuteranbauer bei der Vermarktung ihrer hofeigenen Erzeugnisse Probleme mit der Verkehrsfähigkeit ihrer Produkte.

Deshalb soll dieses Buch einen Leitfaden dafür bieten, was rechtlich beim Verkauf von Kräuterprodukten aus eigener Herstellung zu beachten ist. Dabei werden die gesetzlichen Grundlagen für die Herstellung von Arzneimitteln, Lebensmitteln und Kosmetikartikeln aus Kräutern ausführlich erläutert. Zentrales Thema stellt die Abgrenzung zwischen Lebensmitteln und Arzneimitteln dar, denn hier kommt es zu den meisten Problemen und Beanstandungen.

Das Buch gibt Anregungen und Tipps für den Umgang mit den Gesetzen und den zuständigen Ämtern. Es stellt jedoch kein rechtskräftiges Werk dar, weshalb es nötig sein wird, die aktuellen Gesetzesänderungen zu verfolgen und im Zweifelsfalle sachverständige Personen oder die zuständigen Behörden mit einzubeziehen. Im Service sind hierzu hilfreiche Adressen aufgelistet.

Kräuterführungen, Kräuterwanderungen, Kräuterkurse

Die rechtliche Absicherung ist nicht nur bei der Vermarktung von Kräutererzeugnissen ein wichtiges Thema, sondern auch dann, wenn es darum geht, bei Kursen und Führungen Wissen zu vermitteln. Wer haftet bei Unfällen, die sich während einer Kräuterführung ereignen? Dürfen Sie bei Kursen überhaupt Arzneimittel herstellen, ohne die entsprechende Erlaubnis zu besitzen? Dürfen Sie während einer Führung in der freien Natur Wildkräuter für ein Wildkräutermenü sammeln?

Nicht vergessen: Haftungsausschluss

Um bei Führungen und Kursen auf der sicheren Seite zu sein, benötigen Sie einen Haftungsausschlusstext, der von den Teilnehmern vor Beginn zur Kenntnis genommen werden muss. Bei Kräuterführungen kann dies kurz vor dem Start vor Ort geschehen; am besten durch Unterschrift, eventuell auch nur durch Vorlesen. Bei Ausbildungen und Kursen sollte der Haftungsausschluss Bestandteil des Vertrages und der Kursunterlagen sein.

Je nach Erfordernissen können darin folgende Punkte enthalten sein, die Sie nach ihren eigenen Bedürfnissen dann umformulieren:

„Die Teilnahme an Exkursionen, Seminaren, Vorträgen und Kräuterkursen erfolgt auf eigene Verantwortung und eigenes Risiko des Teilnehmers. Der Veranstalter übernimmt keine Haftung für eventuell verursachte Schäden. Auch für Unfälle, Verletzungen und Diebstahl während der Veranstaltung wird keine Haftung übernommen.

Alle Hinweise auf Heilwirkung und Gebrauch von Heilpflanzen haben ausschließlich informativen Charakter. Der Veranstalter übernimmt keine Garantie und Haftung für genannte und gelernte Anwendungsmöglichkeiten. Der Veranstalter empfiehlt hinsichtlich eigener Anwendungen ausdrücklich Rücksprache mit Arzt, Heilpraktiker oder Apotheker.

Die Teilnehmer handeln bei Anwendungsdemonstrationen im Unterricht an sich und anderen Kursteilnehmern auf eigene Gefahr und eigenes Risiko. Gleiches gilt für die Umsetzung des in den Kursen erworbenen Wissens. Gehaftet wird nur für Schäden, die durch grobe Fahrlässigkeit des Veranstalters ausgelöst werden."

Keine Diagnosen und Behandlungsvorschläge

Bei Führungen und Kursen kann es immer wieder vorkommen, dass Sie von Teilnehmern mit persönlichen Erkrankungen und Leiden konfrontiert werden und um medizinischen Rat gebeten werden.
Wenn Sie kein Arzt sind, dürfen Sie gegenüber den Teilnehmern keine Diagnose stellen und auch keine Heilmittel empfehlen. Nur allgemeine Aussagen sind erlaubt, wie beispielsweise: „In der Phytotherapie/Volksheilkunde wird die Goldrute zur Entwässerung eingesetzt." Auch Heilpraktiker dürfen sich auf einer Führung nicht zu einer Diagnose hinreißen lassen. Behandlungen außerhalb des festen Niederlassungsortes (Bestallung) sind nicht erlaubt, sondern nur in den Praxisräumen oder bei Hausbesuchen. Andernfalls handelt es sich um die unerlaubte „Ausübung der Heilkunde im Umherziehen" (§ 3 des Heilpraktikergesetzes).

Arzneimittelherstellung darf in Kursen gelehrt werden

Bei Kursen hergestellte Tinkturen oder Salben sind kein Verstoß gegen das Arzneimittelgesetz. Hierbei geht es um das Erlernen der Herstellungstechniken. Eine besondere Befähigung oder Erlaubnis ist dazu nicht erforderlich. Selbstverständlich darf dabei nicht grob fahrlässig gehandelt werden, beispielsweise durch die Herstellung eines Bilsenkraut-Bieres. Tinkturen oder Tees werden vom Kursteilnehmer selbst angesetzt oder gemischt und dürfen dann auch mit nach Hause genommen werden. Jeder darf für sich selbst Heilmittel herstellen! Verkauft werden dürfen diese Produkte allerdings nicht, weder vom Teilnehmer noch vom Veranstalter des Kurses! Als Veranstalter ist es Ihnen also nicht erlaubt, die im Kurs hergestellten Tinkturen zum Verkauf anzubieten, auch dann nicht, wenn ein Kursteilnehmer noch gerne ein zweites Fläschchen zum Verschenken mitnehmen würde. Dies wäre dann ein Verstoß gegen das Arzneimittelgesetz. Genauere Informationen zum Thema Arzneimittelrecht finden Sie ab Seite 14.

Rechtslage für die Entnahme wildlebender Pflanzen

Vielleicht haben Sie sich entschieden, in Ihrem Hofladen Bärlauchpesto zu verkaufen. Das ist grundsätzlich kein Problem, wenn der Bärlauch auf Ihrem Grundstück wächst. Wie sieht es aber aus, wenn Sie den Bärlauch an einem Wildstandort im Gemeindewald sammeln?

Das gewerbsmäßige Entnehmen von Wildpflanzen (mit der Absicht der Gewinnerzielung) bedarf einer Sammelgenehmigung der zuständigen Unteren Naturschutzbehörde, die meist bei den Landratsämtern angesiedelt ist. Falls es sich um ein Privatgelände handelt, ist zudem die Zustimmung des Grundstückseigners erforderlich. Die Genehmigung wird im Normalfall erteilt, wenn der Bestand durch die Entnahme nicht gefährdet ist. In einem Antrag sollten Sammelort, Art der gesammelten Pflanzen und Sammelmenge angegeben werden. Die Gebühren sind je nach Kreis unterschiedlich und orientieren sich an der Menge.

Das private Sammeln ist dagegen genehmigungsfrei, wenn die Mengen gering sind. Definiert wird eine geringe Menge als Handstrauß oder kleines Körbchen für den persönlichen Bedarf. Außerdem darf durch das Sammeln kein Naturschutzinteresse berührt werden. Man darf also keine gefährdeten und geschützten Pflanzen entnehmen. In Nationalparks und Naturschutzgebieten ist das Sammeln von Pflanzen, auch von ungefährdeten, grundsätzlich verboten. Ansonsten erlaubt es das Bundesnaturschutzgesetz (§ 39 Absatz 4), dass jeder ohne behördliche Genehmigung und ohne Zustimmung des Grundstückseigentümers Flächen in der freien Natur betreten darf. Ebenso darf er dort geringe Mengen wildwachsender Pflanzen pflücken. Hat der Grundstückseigentümer die Fläche jedoch durch einen Zaun oder ein Schild abgesperrt, darf sie nicht betreten werden!

Ist Wildkräutersammeln für einen Kurs gewerblich?

Wie ist nun die Situation, wenn während einer Kräuterausbildung oder für einen Wildkräuterkochkurs Pflanzen gesammelt werden? Das Sammeln bei solchen Exkursionen gilt nicht als gewerbsmäßige Entnahme, solange die hergestellten Produkte nicht verkauft werden. Genehmigungsfrei ist es also, wenn der Kurs verkauft wird, nicht aber die darin hergestellte Wildkräutersuppe. Maßgabe ist natürlich, dass der einzelne Teilnehmer nicht mehr als einen Handstrauß sammelt und mit den Naturflächen pfleglich umgegangen sowie auf die Belange des Grundstückseigentümers Rücksicht genommen wird. Mit anderen Worten, die Flächen sollten hinterher nicht so aussehen, als wäre eine Schafherde darübergetrieben worden. Je größer die Gruppe, desto vorsichtiger und schonender werden die Naturflächen betreten. Am besten sammeln Sie so, dass man Ihre Anwesenheit gar nicht bemerkt.

Fuchsbandwurm – ein Thema bei Wildkräuterführungen

Bei Wildkräuterführungen kommt nahezu zwangsläufig die Sprache auf den Fuchsbandwurm. Vor allem wenn die gesammelten Pflanzen gemeinsam gegessen werden sollen, ist es unerlässlich, die Teilnehmer darüber zu informieren. Aufgrund der Meldepflicht ist man über die Erkrankung sehr gut informiert. Sie ist gefährlich, aber sehr selten: Jährlich erkranken in Deutschland etwa 20 bis 25 Menschen, in der Schweiz 3 bis 5. Nur jeder Dritte bekommt ernsthafte Beschwerden und muss dann lebenslang Medikamente einnehmen. Betroffene Organe sind meist Leber und Lunge. Der Mensch ist nicht besonders empfänglich für die Erkrankung, weshalb eine Mehrfachaufnahme der Wurmeier nötig ist, um sie auszulösen. Es sind keine Fälle dokumentiert, die auf den Genuss von Wildgemüse oder Wildbeeren zurückzuführen wären. Die eigentlichen Risikogruppen sind:
- in der Landwirtschaft tätige Menschen (Einatmen der mikroskopisch kleinen Eier vor allem bei der Heuernte)
- Jäger (Direktkontakt mit Fuchs), Förster und Waldarbeiter (Einatmen von Stäuben)
- Hunde- und Katzenbesitzer sind mit über 70 % am stärksten betroffen. Sie infizieren sich über das eigene Tier. Deshalb ist es sinnvoll, dieses regelmäßig zu entwurmen!

Angehörige der Risikogruppen sollten regelmäßig Blutuntersuchungen auf Antikörper machen. Vor dem Genuss von Wildgemüse und Wildbeeren zu warnen ist auch deshalb unbegründet, weil man dann auf sämtliches Obst und Gemüse aus dem Freiland verzichten müsste. Füchse suchen ihre Nahrung sehr häufig auf Ackerland. Die Wurmeier sind leicht wie Staub und können daher vom Wind verteilt werden.
Waschen reduziert das Infektionsrisiko, auch wenn es keine hundertprozentige Sicherheit bietet. Deshalb ist es ratsam, die Wildkräuter in Ihren Kursen stets zu waschen. Trocknen und Erhitzen des Sammelguts auf 60 °C tötet die Eier ab, während dies durch Einfrieren nicht vollständig gelingt. Wer ganz sicher gehen will, muss ganz auf den Rohverzehr von Wild- und Freilandgemüse verzichten.

Gesetzliche Bestimmungen zur Vermarktung von Kräutern

Wenn Sie Ihre Kräuterprodukte nur auf dem jährlichen Basar im Kindergarten anbieten oder im Freundeskreis verschenken, brauchen Sie sich um die Gesetzeslage nicht zu kümmern. Doch sobald Sie sie im Internet, in einem Laden oder an einem Marktstand anbieten, kommen Sie an den Bestimmungen nicht vorbei!

Kräuter finden sich in vielen Produkten

Kräuter können ganz unterschiedlich eingesetzt und zu den verschiedensten Produkten verarbeitet werden. So findet man sie beispielsweise als Heilpflanzen in Arzneimitteln, als Gewürz in Lebensmitteln, als Duftpflanzen in Kosmetika oder als Räucherstoff bei den sogenannten Bedarfsgegenständen. Je nachdem, in welcher dieser Rubriken die Kräuter zum Einsatz kommen, gelten unterschiedliche Gesetze und Bestimmungen. So gelten beispielsweise wesentlich strengere Auflagen, wenn man Kräuter als Arzneimittel in Verkehr bringt, als für ihren Gebrauch als Lebensmittel. Deshalb ist es wichtig zu wissen, wo die Kräuterprodukte eingeordnet werden (siehe dazu Tabelle S. 9).

Die Zuordnung der Kräuter zu den Rubriken Arzneimittel, Lebensmittel, Kosmetik und Bedarfsgegenstände ist keineswegs eindeutig. Es werden keine Kräuter namentlich genannt, man kann also nicht sagen: „Dieses Kraut gehört grundsätzlich in die Rubrik Lebensmittel, jenes in die Rubrik Arzneimittel." Denn es gibt viele Gewürzpflanzen (also Lebensmittel), wie Kümmel oder Thymian, die gleichzeitig als Heilpflanzen (also Arzneimittel) dienen. Umgekehrt werden viele Heilpflanzen, wie Kamille oder Fenchel, auch zur Herstellung von Kräutertee im Sinne eines Lebensmittels verwendet. Außerdem können Heilpflanzen, wie Lavendel und Ringelblume, als Duft- und Pflegestoff für kosmetische Erzeugnisse eingesetzt werden. Andere Pflanzen wiederum, wie zum Beispiel Pfefferminze, werden als Bedarfsgegenstand behandelt, weil sie in Raumduftspray verarbeitet wurden; gleichzeitig können sie aber auch als Arzneipflanzen oder als Lebensmittel verkauft werden.

Einteilung von Kräuterprodukten nach Verwendungszwecken			
Arzneimittel (AMG)	**Lebensmittel (LFGB + Verordnung [EG] Nr. 178/2002)**	**Kosmetik (LFGB + KO-VO + Verordnung [EG] Nr. 1223/2009)**	**Bedarfsgegenstände (LFGB)**
Arzneitees	Kräutertees	Seife	Potpourris
Tinkturen	Gewürze	Shampoo	Duftsäckchen
Heilsalben	Kräutersalz	Badesalz	Räucherwerk
Fluidextrakte	Pesto	Badesäckchen	Duftöle*
Tabletten	Kräuteröl	Hautcreme	Raumduftspray*
Hustensirup	Kräuteressig	Körperöl	Färbemittel
Heilpflanzensäfte	Kräuterlikör	Deo	Pflanzenpflegemittel
	Kräuterwein		Saunaaufgüsse*
	Brotaufstriche		
	Säfte		
	Nahrungsergänzung		
	Sonderregelung für Milchprodukte bezüglich der Hygiene (z. B. Kräuterbutter, Kräuterkäse)		

* Bei ätherischen Ölen sind eventuell chemikalienrechtliche Vorgaben zu beachten. Dazu gehören Gefahrensymbole (z. B. gesundheitsschädigend, umweltgefährdend, ätzend) und kindersichere Verschlüsse.

Überblick über die Gesetze und Verordnungen

Unter welchen Voraussetzungen Kräuter als Arzneimittel, Lebensmittel, Bedarfsgegenstand oder kosmetisches Mittel eingestuft werden, definieren das Arzneimittelgesetz (AMG) sowie das Lebensmittel-, Bedarfsgegenstände- und Futtermittelgesetzbuch (LFGB). Diese beiden Gesetzbücher sind von entscheidender Bedeutung für Anbauer, Hersteller und Anbieter von Kräuterprodukten. Außerdem gibt es noch eine Reihe von Verordnungen, die ebenfalls von großer Wichtigkeit sind, beispielsweise die Lebensmittelhygiene-Verordnung, die EU-Verordnung Nr. 178/2002 des Europäischen Parlaments, die EU-Lebensmittelinformationsverordnung oder die EU-Kosmetik-Verordnung. Die vollständigen Gesetzestexte finden Sie unter anderem im Internet. Sehr viele der erwähnten Gesetze sind auf www.gesetze-im-internet.de oder bei www.oekoplant-ev.de einsehbar. Die Verordnungen auf europäischer Ebene können Sie unter www.eur-lex.europa.eu nachschlagen.

Für Österreich gelten das Arzneimittelgesetz und das Arzneibuchgesetz sowie das Österreichische Lebensmittelgesetz. In der Schweiz finden sich die Vorschriften im Heilmittelgesetz, im Lebensmittelgesetz und in der Lebensmittel- und Gebrauchsgegenständeverordnung. Im Großen und Ganzen entsprechen die Vorschriften dieser beiden Länder dem deutschen und dem europäischen Recht.

Arzneimittel, Lebensmittel, Kosmetika: Wozu zählen Kräuter?

Schauen wir uns zunächst die Definitionen an, die das Gesetz uns liefert und die uns helfen sollen zu entscheiden, ob beispielsweise der Lavendel als Arzneimittel, Lebensmittel oder Kosmetika einzustufen ist.

Kräuter und ihre Zubereitungen sind **Arzneimittel**, wenn sie „... zur Anwendung im oder am menschlichen oder tierischen Körper bestimmt sind und als Mittel mit Eigenschaften zur Heilung oder Linderung oder zur Verhütung menschlicher oder tierischer Krankheiten oder krankhafter Beschwerden bestimmt sind" (§2 (1) AMG). Das bedeutet: Wenn Sie Lavendel in einer Zubereitung dazu einsetzen, dass er Krankheiten heilen, lindern oder verhüten soll, dann wird er automatisch zum Arzneimittel und Sie müssen alle erforderlichen Gesetze, Bestimmungen und Auflagen erfüllen.

Als **Lebensmittel** gelten Kräuter und deren Zubereitungen, die „... dazu bestimmt sind oder von denen nach vernünftigem Ermessen erwartet werden kann, dass sie in verarbeitetem, teilweise verarbeitetem oder unverarbeitetem Zustand von Menschen aufgenommen werden" (§ 2 (2) LFGB). Das bedeutet für unser Beispiel: Wenn Sie Lavendel in Produkten verarbeiten, die zur Ernährung oder zum Genuss verzehrt werden, dann wird er automatisch zum Lebensmittel. Das könnte beispielsweise eine Kräuterteemischung mit Lavendel sein oder ein mit Lavendel aromatisierter Zucker. Diese Produkte müssen dann alle geforderten Kriterien für Lebensmittel erfüllen. Die meisten Kräuter (etwa 50 %) werden zu Lebensmitteln verarbeitet. Bei Lebensmitteln ist daran zu denken, dass sie dem ermäßigten Steuersatz von 7 % unterliegen (Österreich 10 %, Schweiz 2,5 %).

Kräuter und ihre Zubereitungen sind **Kosmetische Mittel**, wenn sie „... ausschließlich oder überwiegend dazu bestimmt sind, äußerlich am Körper des Menschen oder in seiner Mundhöhle zur Reinigung, zum Schutz, zur Erhaltung eines guten Zustandes, zur Parfümierung, zur Veränderung des Aussehens oder dazu angewendet zu werden, den Körpergeruch zu beeinflussen" (§ 2 (5) LFGB). Das bedeutet: Unser Lavendel ist dann ein kosmetisches Mittel, wenn er zum Beispiel in einem Deo zur Parfümierung eingesetzt wird. Dann müssen Sie die Bestimmungen der Kosmetik-Verordnung erfüllen. Die kosmetischen Mittel gehören zu den Bedarfsgegenständen. Fast ein Viertel aller Kräuter kommt in kosmetischen Mitteln zum Einsatz. Hier gilt die normale Umsatzsteuer von 19% (Österreich 20%, Schweiz 8%).

Kräuter und ihre Zubereitungen können auch **Bedarfsgegenstände** sein, wenn sie „... zur Geruchsverbesserung in Räumen, die zum Aufenthalt von Menschen bestimmt sind", eingesetzt werden (§ 2 (6) LFGB). Das bedeutet: Wenn Sie den Lavendel als ätherisches Öl für Duftlampen oder als Räucherwerk anbieten, gilt er als Bedarfsgegenstand. Bedarfsgegenstände sind alle Produkte, die mit Lebensmitteln oder mit dem menschlichen Körper in Kontakt kommen, also auch Bekleidung, Schmuck, Verpackungsmaterial, Geschirr, und so weiter. Außerdem gehören Spielwaren und Haushaltschemikalien (Reinigungsmittel) dazu.

Die Zweckbestimmung entscheidet

Wie wir am Beispiel des Lavendels sehen konnten, haben viele Kräuter eine Mehrfachfunktion. Sie können sowohl Arznei- und Lebensmittel als auch Bedarfsgegenstand sein. Die Einordnung in die jeweiligen Kategorien beruht also nicht auf den Kräutern selbst. Vielmehr orientiert sie sich grundsätzlich an der sogenannten Zweckbestimmung der Pflanze. Der Verwendungszweck und die Deklaration des Produktes sind also entscheidend. Auch die Aufmachung des Produktes kann den Ausschlag geben, etwa wenn sie medizinische Assoziationen weckt. Die oben genannten gesetzlichen Definitionen sind zwar eine gute Orientierungshilfe, trotzdem gibt es immer wieder Unsicherheiten in der Rechtslage. Streitpunkt ist meistens die Frage: „Wann ist eine Pflanze eine Arzneipflanze und wann ein Lebensmittel?"

Die Deklaration des Produktes durch den Hersteller ist aber nicht das einzige Kriterium. Denn Deklaration, Aufmachung und Bewerbung sind eine subjektive Zweckbestimmung. Deshalb gibt es noch andere Kriterien, an denen die objektive Zweckbestimmung des Produktes festgemacht wird, nämlich die allgemeine Verkehrsauffassung, die Verbrauchergewohnheiten und die Auffassung der Wissenschaft. Die Verkehrsauffassung spiegelt die überwiegende Meinung der Allgemeinheit wider, die Verbrauchergewohnheiten ergeben sich aus der Nutzung durch einen beachtlichen Teil der Verbraucher. Wir können also nicht einfach durch den Aufdruck „Kein Arzneimittel" aus einem Produkt ein Lebensmittel machen, das aber von der herrschenden Verkehrsauffassung als Arzneimittel angesehen wird.

Beispiele zu Verkehrsauffassung und Verbrauchergewohnheit

Mit einigen Beispielen wird verständlicher, welche entscheidende Rolle der Zweckbestimmung zufällt: Der Hersteller einer Echinacea-Tinktur kann diese nicht durch entsprechende Deklaration (z. B. „Ein wohltuender Kräuterschnaps") zum Lebensmittel machen, denn dem steht die objektive Zweckbestimmung entgegen. Diese sagt eindeutig, dass Echinacea-Tinktur sowohl nach der allgemeinen Verkehrsauffassung als auch aus Sicht der Verbraucher ein Arzneimittel ist. Die Echinacea-Tinktur ist ein alkoholischer Auszug aus dem Sonnenhut, der die körpereigenen Abwehrkräfte stärkt.

Anders herum muss eine Pflanze wie die Pfefferminze, nur weil sie eine Standardzulassung als Arzneimittel besitzt und im Arzneibuch verzeichnet ist, nicht automatisch ein Arzneimittel sein. Dem steht nämlich die Verbrauchergewohnheit gegenüber, dass Pfefferminze schon immer auch zum Genuss getrunken und gegessen wurde. Also kann sie auch ein Lebensmittel sein. Entscheidend ist in diesem Fall die subjektive Zweckbestimmung durch den Hersteller: Er entscheidet durch seine Deklaration, ob die Pfefferminze als Arzneimittel oder als Lebensmittel vermarktet wird. So wie die Pfefferminze haben viele Kräuter (etwa Kamille, Fenchel, Thymian) eine Mehrfachfunktion, die eine Vermarktung in beide Richtungen möglich macht. Doch nicht immer lassen die Pflanzen so eindeutige Zweckbestimmungen zu. Im Zweifelsfall, so schreibt es die Arzneimittelrichtlinie der EU (Richtlinie 2001/83/EG) vor, gilt nicht das Lebensmittel-, sondern das Arzneimittelrecht.

Nun müssen wir noch einmal auf die Echinacea zurückkommen, die ja eigentlich eindeutig eine arzneiliche Zweckbestimmung besitzt. Trotzdem kann es vorkommen, dass Sie Echinacea-Bonbons in Lebensmittelgeschäften finden. Dies liegt daran, dass diese Produkte fast ausschließlich Zucker und andere Süßmittel enthalten und nur so wenig Echinacea-Extrakt, dass keine arzneilich wirksame Dosis erreicht wird.

Urteil des Verwaltungsgerichtshofs München
„Heilpflanzen sind nicht schon durch ihre bloße Existenz Arzneimittel. Dies bedeutet, dass Heilpflanzen nicht von Hause aus Arzneimittel im rechtlichen Sinne sind. Sie werden es vielmehr erst durch ihre Zweckbestimmung im oder am menschlichen Körper, die in § 2 Abs. 1 AMG genannten Wirkungen zu entfalten. Die Frage, wann eine solche Zweckbestimmung vorliegt, lässt sich nach verschiedenen Kriterien beurteilen. So können Verbrauchergewohnheiten, Verpackung, Bezeichnung und Aufmachung des Präparates, die Art der Werbung, die Gebrauchsanweisung, die Verkehrsauffassung Kriterien sein, die auf die Zweckbestimmung als Arzneimittel schließen lassen."

Auf die Abgrenzung zwischen Arzneimitteln und Lebensmitteln werden wir im Kapitel „Vermarktung von Kräutern als Lebensmittel" (Seite 75) noch ausführlich zu sprechen kommen. Nun wollen wir uns zunächst der Vermarktung von Kräutern als Arzneimittel zuwenden. Wenn diese Vermarktungsform für Sie nicht in Frage kommt, können Sie das folgende Kapitel überspringen und auf Seite 25 weiterlesen.

Die Vermarktung von Kräutern als Arzneimittel

Nehmen wir einmal an, Sie stellen schon seit vielen Jahren eine Tinktur aus Sonnenhut her, die Sie innerhalb der Familie erfolgreich gegen Erkältungen einsetzen. Sie sind von der Qualität ihres Produktes so überzeugt, dass Sie es gerne als Arzneimittel vermarkten möchten. Die Zweckbestimmung ist somit eindeutig darauf angelegt, im menschlichen Körper Krankheiten zu heilen, zu lindern oder zu verhüten.

Arzneimittel sind zulassungspflichtig

Alle als Arzneimittel gehandelten Kräuter fallen unter das Arzneimittelgesetz, mit dem Sie sich als pharmazeutischer Unternehmer nun intensiv auseinandersetzen müssen. Nach dem Arzneimittelgesetz müssen alle Fertigarzneimittel amtlich zugelassen sein. Im Sinne des Gesetzes fallen darunter alle „im Voraus hergestellten und in einer zur Abgabe an Verbraucher bestimmten Verpackung in den Verkehr gebrachten Arzneimittel", also zum Beispiel auch Teedrogen, Teemischungen und Tinkturen.

Das Bundesinstitut für Arzneimittel und Medizinprodukte ist für die Zulassung und Prüfung der Arzneimittel zuständig. Alle Arzneimittel, die neu auf den Markt gebracht werden, müssen ein Zulassungsverfahren durchlaufen, bei dem der gesundheitliche Nutzen geprüft wird. Über die Zulassung des Arzneimittels wird anhand der vom pharmazeutischen Unternehmer eingereichten Unterlagen entschieden. Die Zulassungsunterlagen müssen alle erforderlichen Daten bezüglich Wirksamkeit, Unbedenklichkeit und pharmazeutischer Qualität (= Identität, Reinheit, Gehalt) enthalten. Der Antragsteller muss die Einhaltung dieser drei Kriterien anhand von Analyseergebnissen, pharmakologischen und toxikologischen Versuchen sowie klinischen Prüfungen dokumentieren (§ 22–24 AMG). Die Beweislast für Wirksamkeit und Unbedenklichkeit hat also der pharmazeutische Unternehmer! Zugelassene Arzneimittel haben eine definierte Indikation und tragen auf der Verpackung eine Zulassungsnummer.

Arzneimittel herstellen: teuer und (zeit)aufwendig

Wegen der vielen Labortests, Tierversuche und klinischen Gutachten dauert die Entwicklung eines Arzneimittels viele Jahre und ist ungeheuer aufwendig und teuer! Sie müssen dabei mit Kosten von bis zu 1 Million Euro pro pflanzliches Arzneimittel rechnen. Deshalb sind seit 2004, als die Ablauffrist für Nachzulassungen ablief, viele pflanzliche Arzneimittel vom Markt verschwunden!

Neben diesen Zulassungskosten kommen weitere Kosten auf Sie zu, denn Sie haben bei der Herstellung von Arzneimitteln strenge gesetzliche Auflagen zu erfüllen: So müssen beispielsweise geeignete Räume und Einrichtungen für die beabsichtigte Herstellung, Prüfung und Lagerung der Arzneimittel vorhanden sein. Außerdem muss mindestens eine Person im Herstellungsbetrieb die erforderliche Sachkenntnis besitzen. Das heißt, sie sollte entweder Apotheker sein oder ein abgeschlossenes Hochschulstudium der Pharmazie, der Chemie, der Biologie, der Human- oder der Veterinärmedizin vorweisen können. Ebenfalls nötig ist eine mindestens zweijährige praktische Tätigkeit auf dem Gebiet der qualitativen und quantitativen Analyse sowie sonstiger Qualitätsprüfungen von Arzneimitteln. Vermutlich kommen Sie an dieser Stelle zu dem Schluss, dass Arzneimittelherstellung aufgrund der immensen Kosten und Auflagen für Sie eher nicht in Frage kommt.

Es gibt jedoch ein paar Ausnahmen, die unter gewissen Voraussetzungen eine Arzneimittelherstellung doch noch ermöglichen könnten. Gemeint sind Arzneimittel, die eine erleichterte Zulassung besitzen oder von der Zulassung ganz freigestellt wurden, also Standardzulassungen, freiverkäufliche Arzneimittel und traditionelle pflanzliche Arzneimittel.

Standardzulassungen: von der Zulassung befreit

Es gibt derzeit 312 Arzneimittel, die von der Zulassungspflicht durch das Bundesinstitut befreit wurden. 160 davon sind freiverkäuflich und 136 apothekenpflichtig, bei den restlichen 16 handelt es sich um von der Zulassung befreite Tierarzneimittel. Es sind alles Arzneimittel, die vom Bundesinstitut für Arzneimittel und Medizinprodukte als wirksam und unbedenklich anerkannt wurden. Eine Gefährdung der Gesundheit ist von diesen Arzneimitteln nicht zu befürchten, weil erforderliche Qualität, Wirksamkeit und Unbedenklichkeit erwiesen sind. Auch etwa 80 Heilpflanzen bekamen eine sogenannte Standardzulassung und wurden in das Deutsche Arzneibuch (DAB) aufgenommen. Außer den

Monodrogen bekamen auch einige Teemischungen eine Standardzulassung, etwa Magen-Darm-Tee, Hustentee oder Beruhigungstee.

Standardzulassungen sind allgemeingültige Zulassungen für häufig gebrauchte und unbedenkliche Arzneipflanzen, wie zum Beispiel Baldrian, Brennnessel, Melisse oder Kamille. Was bedeutet nun diese Standardzulassung in der Praxis? Normalerweise müsste laut Arzneimittelgesetz jeder Arzneimittelhersteller, der beispielsweise einen Salbeitee verkaufen will, oder jede Apotheke, die einen Kamillentee abpackt, ein aufwendiges und teures Zulassungsverfahren durchlaufen. Mit der Standardzulassung (§ 36 AMG) wurde hier ein Ausweg geschaffen. Alle Pflanzen mit Standardzulassung dürfen also unter eigenem Namen in den Verkehr gebracht werden, ohne dass dafür noch einmal eine spezielle Zulassung notwendig wäre. Es genügt, dass die Pflanzen schon einmal zugelassen wurden. Genutzt wird eine vorgegebene Zulassungsnummer. Es besteht lediglich eine Anzeigepflicht.

Für die als Standardzulassung in Frage kommenden Arzneimittel werden Monografien veröffentlicht, in denen Zusammensetzung, Kennzeichnung, Nebenwirkungen, Darreichungsform, Dosierung und Anwendungsgebiete genau festgelegt sind. Es werden auch genaue Vorschriften bezüglich der Behältnisse gemacht, in denen das Produkt verpackt wird. Diese Vorgaben müssen vom Arzneimittelhersteller exakt eingehalten werden. Die Monografien bilden die Grundlage für die Kennzeichnung (§ 10 AMG) und die Packungsbeilage (§ 11 AMG). Im Kasten auf Seite 17 finden Sie am Beispiel der Lindenblüten den vorgeschriebenen Wortlaut gemäß Standardzulassung. Die Anwendungsgebiete sind also genau definiert; andere Indikationen wie traditionelle volksheilkundliche Verwendungsmöglichkeiten dürfen hier nicht aufgeführt sein!

Mithilfe der Standardzulassungen ist es also möglich, bestimmte Heilpflanzen und Teemischungen für den Verkauf abzupacken, ohne den aufwendigen Zulassungsprozess zu durchlaufen. Dabei können Sie nur Pflanzen und Mischungen verwenden, die eine Standardzulassung besitzen. Es müssen alle Deklarationsvorschriften und Anforderungen der Standardzulassung erfüllt sein. Das bedeutet aber nicht, dass nun jeder Direktvermarkter oder Einzelhändler seine Tees als Standardzulassung vermarkten könnte. Die Tatsache, dass die Zulassung entfällt, entbindet nicht von den anderen vorgeschriebenen Anforderungen der Arzneimittelherstellung. Das heißt im Klartext: Sie müssten auf jeden Fall Apotheker sein und über die entsprechenden Herstellungsräume verfügen. Falls Sie keine eigene Apotheke führen, benötigen Sie oder der von Ihnen eingestellte Herstellungsleiter ein entsprechendes Hochschulstudium (siehe Seite 15). Außerdem sind eine Herstellungserlaubnis von der zuständigen Landesbehörde und zugelassene Betriebsräume notwendig. Sollten Sie den Tee selbst angebaut haben, muss er natürlich alle im Arzneibuch (Monografie) geforderten Qualitätskriterien erfüllen und entsprechend geprüft werden.

> **Wortlaut der Packungsbeilage gemäß Standardzulassung für Lindenblüten**
> Zulassungsnummer 1129.99.99
> **Darreichungsform:** Tee
> **Art der Anwendung:** zum Trinken nach Bereitung eines Teeaufgusses
> **Stoff- oder Indikationsgruppe:** pflanzliches Mittel zur Behandlung von Atemwegserkrankungen
> **Anwendungsgebiete:** Erkältungskrankheiten und damit verbundener Husten
> **Gegenanzeigen:** keine bekannt
> **Wechselwirkungen mit anderen Mitteln:** keine bekannt
> **Dosierungsanleitung und Art der Anwendung:**
> Soweit nicht anders verordnet, wird 1- bis 2-mal täglich eine Tasse des wie folgt bereiteten Teeaufgusses getrunken:
> 1 Teelöffel voll (ca. 1,8 g) Lindenblüten oder die entsprechende Menge in einem oder mehreren Aufgussbeutel(n) wird mit siedendem Wasser (ca. 150 ml) übergossen und nach etwa 10 bis 15 Minuten gegebenenfalls durch ein Teesieb gegeben.
> **Dauer der Anwendung:** Bei akuten Beschwerden, die länger als eine Woche andauern oder periodisch wiederkehren, wird die Rücksprache mit einem Arzt empfohlen.
> **Nebenwirkungen:** keine bekannt

Das Arzneibuch definiert die Anforderungen

Die in die Arzneibücher aufgenommenen Drogen (getrocknete Pflanzenteile) bezeichnet man als offizinelle Drogen. Das Deutsche Arzneibuch stellt zusammen mit der deutschen Fassung des Europäischen Arzneibuchs das amtliche Regelwerk für die Bundesrepublik dar (§ 55 AMG). Das DAB 1 erschien 1872, heute gilt das DAB 2012. In Österreich gilt das Österreichische Arzneibuch (ÖAB) und in der Schweiz die Pharmacopoea Helvetica. Das Deutsche Arzneibuch ist eine Sammlung von Regeln zu Qualität, Prüfung, Lagerung, Abgabe und Bezeichnung sowie zur Zubereitung und Dosierung von Arzneimitteln. Die Regeln des Arzneibuchs werden von der Deutschen Arzneibuch-Kommission oder der Europäischen Arzneibuch-Kommission beschlossen. Das Arzneibuch enthält auch Regeln für die Beschaffenheit von Behältnissen und Umhüllungen.

Im Arzneibuch werden die Drogen nach folgenden Qualitätskriterien beurteilt, die von Arzneikräutern erfüllt werden müssen:

- **Wirkstoffgehalt:** Es sind Mindestgehalte für die Hauptwirkstoffe der Droge angegeben. So wird zum Beispiel von der Kamille ein ätherischer Ölgehalt von mindestens 0,4 % verlangt, bei Pfefferminze sind es 1,2 % und Bärentraube muss mindestens 6 % Arbutin enthalten.
- **Identität:** Es muss überprüft werden, ob falsche Ware oder mit falschen Pflanzen vermischte Ware zum Verkauf angeboten wird (botanische Identität).
- **Pharmakologische Eigenschaften:** Hier werden die Anwendungsgebiete, Dosierungen und Nebenwirkungen auf Basis der Kommission-E-Monografien beschrieben (die Kommission E ist ein wissenschaftliches Gremium unabhängiger Sachverständiger, das von 1978–1994 das Bundesinstitut für Arzneimittel und Medizinprodukte zu pflanzlichen Arzneimitteln beriet).
- **Reinheit der Droge:** Sie wird auf Verunreinigungen pflanzlicher und nicht pflanzlicher Art untersucht. Mit Verunreinigungen pflanzlicher Herkunft kann die Vermischung mit Unkräutern gemeint sein, aber auch mit unerwünschten Pflanzenteilen, die laut Definition nicht enthalten sein dürfen, zum Beispiel zu lange Stiele bei Blütendrogen oder ein zu hoher Stängelanteil bei Blattdrogen. So darf beispielsweise bei Pfefferminze der Stängelanteil höchstens 5 % betragen. Als nichtpflanzliche Verunreinigungen können alle möglichen Fremdkörper gelten, wie Erde, Steine, Hühnerfedern, Zigarettenkippen, Schneckenhäuschen und so weiter. Gerade bei Kräutern kommt es aufgrund des hohen Importanteiles (95 %) des Öfteren zu Verunreinigungen. Sie kommen meist aus Ländern zu uns, in denen andere hygienische Standards gelten. So werden Kräuter zum Beispiel ungeschützt auf dem Acker oder auf Terrassen getrocknet.
- **Aufbereitungsform:** Hiermit sind die zulässigen Aufbereitungsformen gemeint, zum Beispiel pulverisiert oder geschnitten. Es existieren auch Vorschriften über die Teilchengröße der Drogen.

Die Kriterien des Arzneibuches stellen **Mindestanforderungen** dar, deren Einhaltung jedoch laut Gesetz zwingend erforderlich ist. Arzneitees dürfen nur als solche hergestellt werden, wenn sie den Regeln des Arzneibuches entsprechen.

Erleichterte Zulassung für freiverkäufliche Arzneimittel

Ebenfalls eine erleichterte Zulassung besitzen die freiverkäuflichen Arzneimittel, die statt der Zulassungsnummer eine Registriernummer besitzen. Sie dürfen außerhalb von Apotheken, also beispielsweise auch in Hofläden oder Lebensmittelgeschäften gehandelt werden (§ 50 AMG). Zum besseren Verständnis sollen zunächst die Begriffe „verschreibungspflichtig" und „apothekenpflichtig" geklärt werden:

Verschreibungspflichtige Arzneimittel dürfen nur gegen ärztliche Verschreibung in Apotheken abgegeben werden, da ihre Verwendung mit Risiken behaftet ist. Dazu gehören Giftpflanzen wie Tollkirsche oder Schlafmohn. Sie dienen ausschließlich pharmazeutischen Zwecken und dürfen keinesfalls ab Hof oder in Läden vermarktet werden.

Apothekenpflichtige Heilpflanzen, die (ohne Verschreibung) nur von Apotheken abgegeben werden dürfen, sind zum Beispiel abführende Pflanzen, wie Sennes und Faulbaum, oder Pflanzen, die Pyrrolizidinalkaloide enthalten, wie Beinwell und Huflattich. Im unten stehenden Kasten finden Sie eine Auflistung der betroffenen Kräuter.

Apothekenpflichtige Kräuter
Adonisröschen, Aloe-Arten, Alraune, Bärlapp, Beinwell (ausgenommen zum äußeren Gebrauch), Besenginster, Bilsenkraut, Bittersüßer Nachtschatten, Bittermandel, Blasentang, Brechwurzel, Cascararinde, Eisenhut, Euphorbia, Farnkraut-Arten, Faulbaum, Fingerhut, Gartenraute (Weinraute), Fuchs-Kreuzkraut, Gelber Jasmin, Gelbwurz, Giftlattich, Giftsumach, Glockenbilsenkraut, Greiskraut, Grindelia, Herbstzeitlose, Huflattich (ausgenommen niedere Dosierung), Ignatiusbohne, Immergrün, Jalapenknollen, Johanniskraut (ausgenommen äußerliche Anwendung und Tee, sowie niedere Dosierung), Kermesbeere, Koloquinte, Krappwurzel, Kreuzdorn, Krotonölbaum, Küchenschelle, Lärchenschwamm, Läusesamen, Lebensbaum, Lobelie, Maiglöckchen, Meerträubel-Arten, Meerzwiebel, Medizinal-Rhabarber, Mutterkorn, Nieswurz, Oleander, Osterluzei, Pestwurz (ausgenommen niedere Dosierung), Podophyllwurzel, Porst, Rainfarn, Rauwolfia-Arten, Rhododendron, Sadebaum, Schierling, Schlafmohn, Schneeballbaum, Schöllkraut, Schöterich, Schwedenbitter, Sennes, Skammoniawurzel, Skrofelkraut, Stechapfel, Stechpalme, Strophantussamen, Theriak, Tollkirsche, Traubenkraut, Wachsmyrthe, Yohimberinde, Zaunrübe, Zitwerblüte.
Unterstrichene Kräuter sind zudem verschreibungspflichtig!

20 Die Vermarktung von Kräutern als Arzneimittel

Freiverkäufliche Arzneimittel sind laut Definition „Arzneimittel, die vom pharmazeutischen Unternehmer ausschließlich zu anderen Zwecken als zur Beseitigung oder Linderung von Krankheiten, Leiden, Körperschäden oder krankhaften Beschwerden zu dienen bestimmt sind" (§ 44 AMG). Es handelt sich also um Vorbeuge- und Stärkungsmittel. Mit gesundheitsbezogenen Hinweisen wie „Zur Stärkung und Kräftigung" oder „Zur Besserung des Wohlbefindens" ist die Abgrenzung zu Heilmitteln eindeutig. Obwohl Heilpflanzen eingesetzt werden, darf nicht mit ihrer krankheitsbezogenen Wirkung geworben werden. Es sind zahlreiche im Arzneibuch verzeichnete Arzneipflanzen als freiverkäuflich zugelassen – mit Ausnahme der verschreibungs- und apothekenpflichtigen Pflanzen. Diese werden in einer ergänzenden Verordnung detailliert aufgelistet (Verordnung über apothekenpflichtige und freiverkäufliche Arzneimittel).

Auch die sogenannten „traditionellen pflanzlichen Arzneimittel" zählen in der Regel zu den freiverkäuflichen Arzneimitteln. Traditionelle Arzneimittel müssen seit mindestens 30 Jahren medizinisch verwendet werden, davon 15 Jahre in der Europäischen Union. Das Arzneimittel muss unschädlich und die pharmakologische Wirkung aufgrund langjähriger Anwendung und Erfahrung plausibel sein (§ 39 AMG). Die Anwendungsgebiete werden auf dem Beipackzettel mit folgender Formulierung angegeben: „Dieses Arzneimittel ist nicht zur Beseitigung oder Linderung von Krankheiten, Leiden oder krankhaften Beschwerden bestimmt. Es wird traditionell angewendet zur/bei … (siehe Formulierungsbeispiele im Kasten). Diese Angaben beruhen ausschließlich auf Überlieferung und langjähriger Erfahrung. Bei auftretenden Beschwerden ist ein Arzt aufzusuchen."

> **Formulierungsbeispiele für Anwendungsgebiete traditioneller Arzneimittel**
> **Kamille:** Unterstützung der Magenfunktion, Kräftigung der Mund- und Rachenschleimhaut, Unterstützung der Hautfunktion
> **Schafgarbe:** Stärkung und Förderung der Verdauungsfunktion, Anregung des Appetits
> **Ringelblume:** Unterstützung der Hautfunktion, unspezifische Vorbeugung gegen Wundliegen
> **Melisse:** Unterstützung der Magenfunktion, Verbesserung des Befindens bei nervlicher Belastung

Freiverkäufliche Arzneimittel erfordern Sachkundenachweis

Bezüglich der freiverkäuflichen Arzneimittel kursieren einige Fehlinformationen: Sie haben bei ihrer Zulassung zwar Erleichterungen im Wirksamkeitsnachweis und sind für den Verkehr außerhalb der Apotheken freigegeben. Das bedeutet aber nicht, dass sie von jedermann hergestellt werden können! Es sind trotz allem Arzneimittel, die nur von Menschen oder Firmen hergestellt werden dürfen, die im Besitz der entsprechenden Herstellungserlaubnis sind. Selbstverständlich gelten auch hierbei die strengen Regeln der Arzneimittelherstellung.

Ihr Verkauf im Einzelhandel ist nur dann möglich, wenn entweder der Unternehmer oder eine mit dem Verkauf beauftragte Person die erforderliche Sachkenntnis besitzen. An jeder Betriebsstelle muss mindestens eine Person jederzeit zur Beratung erreichbar sein. Dieser sogenannte Sachkundenachweis, manchmal auch „Kräuterschein" genannt, kann bei der Industrie- und Handelskammer erworben werden. Außerdem besteht eine Anzeigepflicht, das heißt, das Geschäft, das freiverkäufliche Arzneimittel in den Verkehr bringt, muss diese Tätigkeit bei der zuständigen Überwachungsbehörde melden (§ 67 AMG). Die zuständigen Behörden sind je nach Bundesland beispielsweise Gesundheitsamt, Gewerbeamt oder Lebensmittelüberwachung.

Die Sachkundeprüfung zum Umgang mit freiverkäuflichen Arzneimitteln ist gebührenpflichtig (50 bis 80 Euro) und muss vor der Industrie- und Handelskammer (IHK) abgelegt werden. Es sind „Kenntnisse und Fertigkeiten erforderlich über das ordnungsgemäße Abfüllen, Abpacken, Kennzeichnen, Lagern und Inverkehrbringen von freiverkäuflichen Arzneimitteln" (§ 50 AMG). Die Prüfung erfolgt im Multiple-Choice-Verfahren. Die Sachkundeprüfung erübrigt sich für Apotheker, Pharmazeuten, Chemiker, Drogisten, pharmazeutisch-technische Assistenten und Apothekenhelfer.

Zur Vorbereitung auf die Sachkundeprüfung gibt es entsprechende Literatur. Sehr hilfreich sind: „Freiverkäufliche Arzneimittel" von Werner Fresenius, Herbert Niklas und Heinz Schilcher sowie „Arzneimittel im Einzelhandel" von Fritz-Eberhard Reuter.

Das Bestehen der Sachkundeprüfung berechtigt nur zum Umfüllen in kleinere Einheiten und zum Verkauf freiverkäuflicher Arzneimittel, allerdings nur, wenn diese von einer Firma mit Herstellungserlaubnis produziert wurden. Das Selbstmischen von Arzneitees ist nicht erlaubt!

Für einige freiverkäufliche Fertigarzneimittel aus Pflanzen und Pflanzenteilen ist die Sachkundeprüfung jedoch nicht erforderlich. Dazu gehören beispielsweise Brennnesselkraut, Kamillenblüten, Fenchelfrüchte, Lindenblüten oder Melissenblätter. Sie müssen mit ihrem verkehrsüblichen deutschen Namen bezeichnet werden. Gleiches gilt für Fertigarzneimittel in Form von Pflanzenpresssäften – allerdings nur, wenn sie mit keinem anderen Lösemittel als Wasser hergestellt wurden.

Arzneipflanzenanbau ist problemlos

Herstellung und Verkauf von Arzneimitteln gestalten sich als schwierig, selbst wenn man sich auf Pflanzen mit Standardzulassung oder auf freiverkäufliche Arzneimittel beschränkt. Der Organisations- und Kostenaufwand ist sehr hoch. Wesentlich unkomplizierter ist der Anbau von Heilpflanzen. Sie können alle Arzneipflanzen, auch die apothekenpflichtigen, in ihrem Garten oder auf ihren Feldern kultivieren. Gleiches gilt für den Vertrieb von Heilpflanzen in Töpfen, wie Versand-Kräutergärtnereien es anbieten. Erlaubnispflichtig ist lediglich der Anbau von Pflanzen, die dem Betäubungsmittelgesetz unterliegen (etwa Hanf, Schlafmohn, Kokapflanze). Es wäre also durchaus vorstellbar, dass Sie für einen pharmazeutischen Verarbeitungsbetrieb großflächig Sonnenhut (Echinacea) oder gar Fingerhut (Digitalis) anbauen; nur selbst verarbeiten und vermarkten dürfen Sie diese Produkte nicht.

Beim Anbau von Arzneimittelpflanzen müssen Sie sich bewusst sein, dass alle Arbeiten, die über das Anbauen, Ernten und Trocknen hinausgehen, aus Sicht des Gesetzgebers als Herstellungsschritte gewertet werden. Schon das Reinigen, Zerkleinern und Verpacken von Heilkräutern wird als erlaubnispflichtiger Herstellungsvorgang angesehen. Man wird dadurch automatisch zum Arzneimittelhersteller mit allen Konsequenzen und gesetzlichen Auflagen. Dies zu beachten ist wichtig, denn ein Verstoß gegen das Arzneimittelrecht kann mit Freiheitsstrafen bis zu drei Jahren oder hohen Geldstrafen geahndet werden.

Obige Aussagen gelten natürlich nur für Kräuter, die als Arzneimittel vermarktet werden sollen. Viele Heilkräuter können Sie ganz unproblematisch als Lebensmittel anbauen und vermarkten (siehe Seite 25). Dazu gehören auch bekannte Heilpflanzen wie Pfefferminze, Kamille, Melisse oder Fenchel. Allerdings darf in diesem Fall bei der Vermarktung nicht auf die Heilwirkung der Pflanzen hingewiesen werden.

Ausnahme für Ärzte und Heilpraktiker

Wie Sie gesehen haben, ist die gewerbliche Herstellung von Arzneimitteln an viele Auflagen geknüpft. Außerdem benötigt man eine Herstellungserlaubnis von der zuständigen Landesbehörde. Es gibt jedoch eine Ausnahme: Im § 13 (2b) des Arzneimittelgesetzes heißt es: „Einer Erlaubnis nach Absatz 1 bedarf ferner nicht eine Person, die Arzt ist oder sonst zur Ausübung der Heilkunde bei Menschen befugt ist, soweit die Arzneimittel unter ihrer unmittelbaren fachlichen Verantwortung zum Zwecke der persönlichen Anwendung bei einem bestimmten Patienten hergestellt werden."

Daraus geht hervor, dass ein Arzt oder Heilpraktiker für seine Patienten Arzneimittel anfertigen und einsetzen darf. Er darf sie allerdings nur in seiner Praxis unmittelbar am Patienten anwenden. An den Patienten abgeben darf er sie nicht, sonst gilt er als Arzneimittelhersteller. So ist es also beispielsweise möglich, in der eigenen Praxis mit einer selbst hergestellten Ringelblumentinktur eine Kompresse anzulegen. Aber der Patient darf die Tinktur nicht mit nach Hause nehmen und sie darf auch nicht verkauft werden.

Ein ernüchterndes Fazit

Die meisten Leser werden vermutlich an dieser Stelle die Geschäftsidee der Arzneimittelherstellung als kaum realisierbar einstufen. Nur denjenigen, die selbst Apotheker oder Pharmazeuten sind, bleibt die begrenzte Möglichkeit, Kräuter aus eigener Produktion in Form von Standardzulassungen oder freiverkäuflichen Arzneimitteln zu vermarkten. Oder Sie haben eventuell einen wohlgesinnten Apotheker im Freundeskreis, der bereit ist, die erforderlichen Prüfungen auf Arzneibuchqualität zu übernehmen. Dann könnte das Produkt unter seinem Namen vermarktet werden.

Aber müssen die Heilkräuter unbedingt mit einer medizinischen Indikation versehen werden? Nehmen wir einmal an, Sie haben eine hochwertige Melisse angebaut und getrocknet, von deren beruhigender Wirkung Sie überzeugt sind. Wenn Sie diese nun als Lebensmittel auf den Markt bringen, fallen alle oben aufgeführten kostenintensiven Anforderungen der Arzneimittelherstellung weg. Und trotzdem können Sie davon ausgehen, dass viele Verbraucher wissen, dass Melisse ein mildes Sedativum ist, auch wenn es nicht auf der Verpackung oder dem Beipackzettel steht! Zwar wird die Melisse als Genussmittel gekauft, aber der Verbraucher kann nach Bedarf die Zweckbestimmung ändern und daraus ein Heilmittel machen. Und er wird sich dann über die gute Qualität und Wirkung freuen!

Kräuterschnaps statt Tinktur?

Da die Gesetzgebung es verbietet, ohne Zulassung medizinische Kräuterprodukte herzustellen und zu verkaufen, haben sich viele Kräutermenschen eine Nische im Lebensmittelbereich gesucht. Bei einigen Produkten, wie Kräutertee, ist das relativ einfach, da doch viele Heilkräuter traditionell auch die Zweckbestimmung des Genusstees erfüllen. Schwieriger wird es bei Produkten wie Tinkturen, die schon durch ihren Namen von Haus aus Arzneimittel sind. Trotzdem findet man häufig auf Märkten, bei Seminaren und in Kursen ein großes Angebot an alkoholischen Heilkräuterauszügen. Diese „Grauzone" ist nicht ungefährlich, denn der Konflikt mit dem Arzneimittelgesetz ist keine Lappalie. Deshalb hier einige wichtige Hinweise:

- Im Lebensmittelbereich ist es nicht gestattet, den Begriff „Tinktur" zu verwenden.
- Krankheitsbezogene Indikationen zu nennen ist ebenso wenig erlaubt.
- Auch gesundheitsbezogene Angaben, wie „wohltuend" oder „bekömmlich" sind bei alkoholischen Zubereitungen nicht zulässig.
- Die Nutzung von Verkehrsbezeichnungen aus dem Lebensmittelbereich, wie „Kräuterschnaps", „Kräutertrank", „Kräutertropfen", „Kräuterelixier", ist nur möglich, wenn die objektive Zweckbestimmung die eines Genussmittels ist und nicht eines Arzneimittels. Das ist bei vielen Bitterkräutern (Engelwurz, Enzian, Wermut usw.) sowie aromatischen Kräutern (Anis, Fenchel, Ingwer, Minze, Melisse, Zimt usw.) durchaus denkbar; bei Pflanzen mit arzneilicher Verkehrsauffassung wie Baldrian, Sonnenhut, Ginkgo oder Karde aber auf keinen Fall.
- Die lebensmittelrechtlichen Vorschriften bezüglich aromatisierter Spirituosen müssen eingehalten werden. Das betrifft vor allem die Kennzeichnungsregelungen und die verbindlich vorgeschriebenen Nennfüllmengen (siehe Seite 53).

Die Vermarktung von Kräutern als Lebensmittel

Zu den Kräuterprodukten, die als Lebensmittel vermarktet werden können, gehören nicht nur die Teekräuter (Erfrischungs- und Genusstee) und Gewürze, sondern auch Kräuterzubereitungen wie Kräutersalz, Pesto, Kräuteressig, Würzöle oder Liköre. Der Ernährungs- und Genusszweck muss dabei allerdings im Vordergrund stehen.

Haftung und Hygienevorschriften

Die gesetzliche Regelung für Kräuter, die als Lebensmittel vermarktet werden, erfolgt durch das Lebensmittel-, Bedarfsgegenstände- und Futtermittelgesetzbuch (LFGB) und durch die Verordnung (EG) Nr. 178/2002. Das Lebensmittelgesetzbuch enthält nur allgemeine Regelungen und Leitsätze und wird durch verschiedene Verordnungen, wie etwa die Lebensmittelkennzeichnungsverordnung, präzisiert. Als Lebensmittel gehandelte Kräuter können im Gegensatz zu Arzneimitteln hergestellt und vermarktet werden, ohne dass vergleichbar strenge Auflagen zu erfüllen sind. Trotzdem hat man zahlreiche Rechtsbestimmungen einzuhalten, die den Verbraucher vor gesundheitlichen Gefahren und vor Täuschungen schützen sollen. In dieser Hinsicht stellt sich auch die Frage der Haftung.

Absichern: Haftung beim Verkauf fehlerhafter Produkte

Die Verantwortung für die Qualität und Sicherheit des Produktes liegt beim Erzeuger oder Hersteller. Die Haftung für Schäden, die beim Endabnehmer durch ein fehlerhaftes Produkt entstanden sind, wird als Produkthaftung bezeichnet. Die Haftung wird in Deutschland durch zwei Gesetze geregelt: dem Produkthaftungsgesetz und dem § 823 des Bürgerlichen Gesetzbuches (BGB). Die Unterschiede der beiden Gesetze liegen in der Haftungsgrundlage und in der Beweislast. Das BGB sieht eine Verschuldungshaftung vor, wobei der Geschädigte den Schaden beweisen muss. Beim Produkthaftungsgesetz haftet immer der Hersteller, unabhängig vom Verschulden. Dabei genügt es, dass das Produkt fehlerhaft ist. Im Sinne des Produkthaftungsgesetzes ist derjenige Hersteller, „wer das Endprodukt, einen Grundstoff oder ein Teilprodukt hergestellt hat. Als Hersteller gilt auch jeder, der sich durch das Anbringen seines Namens, seiner Marke oder eines anderen unterscheidungskräftigen Kennzeichens als Hersteller ausgibt." (§ 4 Absatz 1 ProdHaftG). Beim Produkthaftungsgesetz kann es also mehrere Haftende geben, nicht nur den tatsächlichen Hersteller.

Nehmen wir einmal an, Sie vermarkten ein Kräutersalz unter Ihrem Namen. Salz und Kräuter haben Sie zugekauft und lediglich gemischt. Dann haften Sie als Hersteller gemeinsam mit dem Kräuterlieferanten und dem Salzlieferanten als Gesamtschuldner. Wenn Sie das Kräutersalz allerdings als fertiges Produkt zugekauft und dann nur umgepackt haben, dann haftet an erster Stelle der Hersteller. Sie als Vermarkter haften lediglich dann, wenn Sie nicht innerhalb eines Monats den Hersteller benennen können.

Durch das Nebeneinander von zwei Gesetzen ist die Produkthaftung etwas unübersichtlich. Aber letztendlich ist für Sie nur von Bedeutung, dass beide Haftungsformen durch eine entsprechende Produkthaftpflichtversicherung gedeckt sind. Die Kosten der Versicherung sind abhängig von Betriebsgröße und Deckungssumme. Landwirtschaftliche Direktvermarkter können Schadensersatzansprüche bezüglich der Produkthaftung mit ihrer Betriebshaftpflichtversicherung abdecken.

Ein wichtiges Thema: Lebensmittelhygiene

Eine wichtige Maßnahme zum vorbeugenden gesundheitlichen Verbraucherschutz stellt die Lebensmittelhygiene dar. Geregelt wird dies durch die Lebensmittelhygiene-Verordnung (LMHV) und die Verordnung (EG) Nr. 852/2004 über Lebensmittelhygiene. Ergänzende Vorschriften für Lebensmittel tierischen Ursprungs enthält die Verordnung (EG) Nr. 854/2004. Die Verordnungen gelten für jeden Betrieb, in dem Lebensmittel gewerblich hergestellt, behandelt und/oder in den Verkehr gebracht werden.

Die Hygieneverordnungen gelten entgegen früheren Vorschriften für alle Stufen der Lebensmittelherstellung, einschließlich der landwirtschaftlichen Primärproduktion (z. B. Erntetätigkeiten). Die Primärproduktion wird im Anhang I der Verordnung Nr. 852/2004 geregelt, ist aber im Vergleich zu den Vorschriften im Produktions- und Verarbeitungsbereich von Lebensmitteln sehr allgemein gehalten. So heißt es beispielsweise, dass die Primärproduzenten angemessene Maßnahmen treffen müssen, „um erforderlichenfalls hygienische Produktions-, Transport- und Lagerbedingungen für die Pflanzenerzeugnisse sowie deren Sauberkeit sicherzustellen".

Wesentlich umfangreicher sind die Vorschriften für die Lebensmittelunternehmer im verarbeitenden Bereich. Das Herstellen, Behandeln und Inverkehrbringen von Lebensmitteln muss unter hygienisch einwandfreien Bedingungen erfolgen. Das betrifft zum einen die Betriebsstätten (Verarbeitungsräume, Verkaufsräume) sowie die Gerätschaften. Zum andern aber auch die Personen, die im Betrieb mit den Lebensmitteln in Berührung kommen: Sie haben ein hohes Maß an persönlicher Sauberkeit zu halten.

Insgesamt wird bei der Hygieneverordnung sehr stark auf die Eigenverantwortung und Sorgfaltspflicht der Verantwortlichen gesetzt! Schauen wir uns die Anforderungen, die sich aus den Verordnungen ergeben, genauer an:

Betriebsstätten müssen leicht zu reinigen sein

Ortsgebundene (feste) Betriebsstätten, in denen Lebensmittel gewerbsmäßig hergestellt werden, dürfen nicht für betriebsfremde Zwecke benutzt werden. In der Praxis bedeutet dies, dass Sie in Ihrer Küche keine Fruchtaufstriche für den Verkauf einkochen dürfen, genauso wenig wie Sie in Ihrem Wohnzimmer Kräutertee abpacken dürfen. Sie benötigen also einen eigenen Produktionsraum.

Eine Reinigung und wenn nötig Desinfektion der Räumlichkeiten und Bedarfsgegenstände muss möglich sein. Oberflächen, die mit Lebensmitteln in Berührung kommen, sind in einwandfreiem Zustand zu halten. Dies erfordert die Verwendung von glatten, abwaschbaren und beständigen Materialien. Dabei spricht nichts gegen Arbeitsflächen aus Holz!

Die Bodenbeläge müssen aus festem, wasserabstoßendem, leicht zu reinigendem Material sein. Auf Teppiche und ähnliche Materialien müssen Sie in diesen Räumlichkeiten also verzichten. Gleiches gilt für Wände, die über den Arbeitsflächen mit heller, abwaschbarer Farbe gestrichen oder gefliest sein müssen.

Die Fenster müssen so konzipiert sein, dass Fluginsekten weitgehend ausgeschlossen werden (Fliegengitter). Auch Haustiere dürfen keinen Zugang zu diesen Räumen haben! Die Gerätschaften, die mit den Lebensmitteln in Kontakt kommen, müssen Sie regelmäßig gründlich reinigen oder desinfizieren.

Gegebenenfalls müssen Reinigungsbecken mit Kalt- und Warmwasseranschluss für die Säuberung der Arbeitsgeräte vorhanden sein. Das ist nicht nötig, wenn Sie zum Beispiel nur Kräutertee abpacken. Falls in Ihrer Produktion hingegen Verarbeitungsprozesse anfallen, bei denen gekocht oder mit Flüssigkeiten hantiert wird, sind solche Reinigungsbecken unumgänglich.

Außerdem müssen entsprechend der Betriebsgröße ausreichende Handwaschmöglichkeiten mit Kalt- und Warmwasserzufuhr vorhanden sein. Es darf sich bei diesem Waschbecken nicht gleichzeitig um das Reinigungsbecken handeln! Das Handwaschbecken müssen Sie mit hygienisch einwandfreien Handreinigungsmitteln (keine Stückseife, sondern Seifenspender) und mit einer hygienisch einwandfreien Handtrocknungseinrichtung (kein Textilhandtuch, sondern Einmaltücher) ausstatten.

Außerdem sind gegebenenfalls separate Personaltoiletten erforderlich, die keine direkte Verbindung zu den Betriebsräumen haben. Sollten Sie Abfallbehälter (etwa für Kompost) benötigen, so müssen diese verschließbar und leicht zu reinigen sein.

Falls Sie in Ihrem Betrieb leicht verderbliche Lebensmittel verarbeiten oder Sie eine Gewerbeküche betreiben, sind die Hygieneauflagen noch strenger! Leicht verderbliche Lebensmittel (Fleisch, Fisch, Milchprodukte) sind sehr anfällig gegen den Befall durch Mikroorganismen und erfordern oftmals die Einhaltung bestimmter Temperaturen. In diesem Fall müssen ausreichende Kühlmöglichkeiten vorhanden sein. Teilweise sind sogar Hygieneschleusen vorgeschrieben. Außerdem sind zur besseren Reinigung der Räume Hohlkehlen am Wand-Boden-Übergang erforderlich. Für das Waschen von Lebensmitteln müssen vom Handwaschbecken getrennte Reinigungsbecken genutzt werden. Beim Handwaschbecken ist zusätzlich ein Händedesinfektionsmittelspender erforderlich.

Auch bei **mobilen Verkaufseinrichtungen**, wie Marktständen und Verkaufsfahrzeugen, sind Maßnahmen erforderlich, um die Lebensmittel zu schützen. Die Oberflächen, die mit Lebensmitteln in Berührung kommen, müssen aus glatten, abwaschbaren Materialien bestehen. Zu deren Reinigung muss ein ausreichender Wasservorrat mitgeführt werden. Bei leicht verderblichen Lebensmitteln müssen die Stände zudem überdacht und seitlich und rückwärtig umschlossen sein. Außerdem ist dann eine Einrichtung zum Händewaschen nötig.

Personalhygiene ist unverzichtbar

Die persönliche Körperhygiene jeder einzelnen Person ist im lebensmittelverarbeitenden Betrieb von besonderer Bedeutung. Die Arbeitskleidung muss stets sauber sein. Beim Herstellen und Behandeln von unverpackten Lebensmitteln muss zur Vermeidung einer nachteiligen

Beeinflussung geeignete Arbeitskleidung mit Kopfbedeckung getragen werden. Neben einer Schutzhaube sind auch Handschuhe und Mundschutz vorgeschrieben.

Das häufige, gründliche Reinigen der Hände der mit dem Be- und Verarbeiten sowie dem Verkaufen beschäftigten Personen ist die entscheidende Voraussetzung, um eine Verunreinigung der Lebensmittel zu vermeiden. Nach unreinen Tätigkeiten sowie nach Toilettenbenutzung müssen die Hände gründlich gereinigt werden. Zur Handhygiene gehören auch das Schneiden der Fingernägel und der Verzicht auf Schmuck (Ringe, Uhren). Verletzungen und Wunden müssen während der Arbeit wasserdicht verbunden werden.

Personen mit infizierten Wunden, Hautinfektionen oder Geschwüren dürfen nicht mit Lebensmitteln umgehen, wenn auch nur die geringste Möglichkeit besteht, dass die Lebensmittel direkt oder indirekt mit krankheitserregenden Keimen verunreinigt werden. Personen, die mit leicht verderblichen Lebensmitteln in Kontakt kommen, müssen frei von ansteckenden Krankheiten sein. Ein Tätigkeitsverbot besteht beispielsweise bei Verdacht auf infektiöse Magen-Darm-Erkrankungen, aber auch bei Typhus und Virushepatitis.

Regelmäßige Schulung ist Pflicht

Personen, die gewerbsmäßig mit leicht verderblichen Lebensmitteln umgehen, müssen beim Gesundheitsamt an einer Belehrung gemäß Infektionsschutzgesetz (§ 43 IfSG) teilnehmen. Das gilt auch für Aushilfen, Praktikanten oder mithelfende Familienangehörige. Leicht verderbliche Lebensmittel sind beispielsweise Milchprodukte, Fisch und Fleisch. Außerdem benötigen eine solche Infektionshygiene-Belehrung alle Personen, die in Küchen von gewerblichen Einrichtungen tätig sind. Die Belehrung ist dann alle zwei Jahre zu wiederholen und muss durch Unterschrift des Belehrten dokumentiert werden. Die „Auffrischung" erfolgt aber nicht mehr beim Gesundheitsamt, sondern kann betriebsintern vom Betriebsleiter oder von privaten Hygieneinstituten durchgeführt werden. Die Erstbelehrung beim Gesundheitsamt kostet etwa 30 Euro. Die einmalige Erstbelehrung entspricht dem ehemaligen Gesundheitszeugnis, das nach wie vor gültig ist.

> **Die Infektionsbelehrung und die Hygieneschulung müssen Sie bei Kontakt mit folgenden leicht verderblichen Lebensmitteln absolvieren:**
> - Fleisch, Geflügelfleisch und daraus hergestellte Erzeugnisse
> - Fische, Krebse oder Weichtiere und daraus hergestellte Erzeugnisse
> - Eiprodukte
> - Säuglings- und Kleinkindernahrung
> - Speiseeis und Speiseeishalberzeugnisse
> - Backwaren mit nicht durchgebackener oder durcherhitzter Füllung oder Auflage
> - Feinkost-, Rohkost- und Kartoffelsalate, Marinaden, Mayonnaisen, andere emulgierte Soßen, Nahrungshefen
> - Rohe Sprossen und Keime

Wenn Sie leicht verderbliche Lebensmittel herstellen oder verkaufen, ist außerdem eine Lebensmittelhygiene-Schulung nach § 4 der Lebensmittelhygiene-Verordnung erforderlich. Ausgenommen von der geforderten Schulung sind Personen mit entsprechender Fachausbildung. Die Schulung kann vom Arbeitgeber selbst oder von Dritten durchgeführt werden. Die IHK bietet solche Seminare an; sie kosten etwa 150 bis 200 Euro. Es besteht eine regelmäßige Schulungspflicht. Die Entscheidung, von wem die Mitarbeiter geschult werden, liegt beim Betreiber des Unternehmens. Entsprechende Hygieneschulungen werden auch online angeboten. Es gibt aber derzeit keine gesetzlichen Vorgaben zu Umfang und Häufigkeit der Schulungen. Einmal jährlich eine einstündige Auffrischung dürfte den Behörden genügen. Die Schulungsnachweise sollten Sie in Form einer Teilnehmerliste durch Unterschrift des Belehrten dokumentieren (Nachweispflicht). Inhalt der Schulung könnte beispielsweise sein: Vorkommen und Wirkung von Mikroorganismen, Gefährdung durch Krankheitserreger oder Schädlingsbefall, Personalhygiene, Grundkenntnisse über Reinigung und Desinfektion, Anforderung an Kühlung und Lagerung von Lebensmitteln, Vorschriften des Lebensmittelrechts und so weiter.

Wenn Sie in Ihrem Betrieb lediglich Kräutertee umpacken oder Kräutersalz herstellen, ist eine Hygieneschulung nicht gefordert, denn diese Produkte sind nicht leicht verderblich. Grundsätzlich ist sie aber auch in diesem Fall sinnvoll, denn als Lebensmittelunternehmer sind Sie für die Sicherheit Ihres Produkts verantwortlich und müssen dafür sorgen, dass alle Hygienevorschriften erfüllt sind.

Lebensmittelhygiene nach HACCP ist Pflicht

Um die Lebensmittelhygiene während der Produktionsprozesse zu gewährleisten, bedarf es einer Gefahrenanalyse und eines Konzepts, wie die gesundheitlichen Gefahren zu vermeiden sind. Große Lebensmittelunternehmen führen schon sehr lange Eigenkontrollen mit dem in den USA entwickelten HACCP-System durch, „das dazu dient, bedeutende gesundheitliche Gefahren durch Lebensmittel zu identifizieren, zu bewerten und zu beherrschen". Durch die 2006 in Kraft getretene EU-Verordnung (EG) 852/2004 (Artikel 5) über Lebensmittelhygiene benötigt nun jeder Lebensmittelunternehmer ein Konzept der Eigenkontrolle nach HACCP-Grundsätzen. Lebensmittelunternehmer ist, wer Lebensmittel gewerbsmäßig herstellt, behandelt oder in Verkehr bringt. Die Vorschrift betrifft auch kleinste Betriebe, wie Imbissbuden, kleine Hofläden oder kleine Gemüsehändler. Lediglich die landwirtschaftliche Primärproduktion ist davon ausgenommen. Zur landwirtschaftlichen Primärproduktion gehören beispielsweise das Ernten und Trocknen von Kräutern, aber nicht mehr das Abpacken.

Die betroffenen Betriebe haben die Pflicht, durch schriftliche Dokumente, Checklisten und sonstige Aufzeichnungen das betriebliche HACCP-Konzept nachzuweisen. Das von der EU geforderte Hygienesystem ist als flexibles Eigenkontrollverfahren gedacht, dass sich der individuellen betrieblichen Situation angemessen anpassen soll. Vor allem kleine Betriebe sollen das System flexibel umsetzen können, um nicht einen übermäßigen Aufwand zu haben. Die Umsetzung liegt in der Verantwortung des Betriebsinhabers.

Was ist HACCP?

Der englische Begriff setzt sich aus den Buchstaben **H**azard **A**nalysis and **C**ritical **C**ontol **P**oints zusammen und heißt übersetzt „Gefahrenanalyse und Festlegen Kritischer Kontrollpunkte". In diesem Begriff zeigt sich eigentlich schon die Vorgehensweise des Systems:

Zunächst werden nach dem Prinzip „Gefahr erkannt, Gefahr gebannt" die Gesundheitsgefahren ermittelt und bewertet (Hazard Analysis). In den einzelnen Verarbeitungsschritten werden die Prozessstufen herausgefiltert, die am ehesten zu einer Kontaminierung der Lebensmittel führen könnten. Kontaminiert werden können die Lebensmittel durch Mikroorganismen (z. B. Bakterien, Schimmelpilze), durch Fremdkörper (z. B. Glassplitter, Steine) und durch chemische Stoffe (z. B. Pestizide, Rückstände von Reinigungsmitteln). Die größte Gefahr geht von den Mikroorganismen aus.

In einem nächsten Schritt werden die kritischen Kontrollpunkte bestimmt (Critical Control Points), um dort die Gefahr unter Kontrolle zu bringen. Das bedeutet: An den kritischen Gefahrenstellen, an denen am ehesten etwas schiefgehen kann, wird lenkend eingegriffen und auch besonders gut überwacht. Wenn also beispielsweise das Berühren leicht verderblicher Lebensmittel mit den Händen als besondere Gefahr ermittelt wurde, dann wird dieser kritische Punkt dadurch gelenkt, dass alle Mitarbeiter Handschuhe tragen oder sich regelmäßig die Hände desinfizieren. Eine weitere Lenkungsmaßnahme wäre die regelmäßige Hygieneschulung der Mitarbeiter. Ein besonders kritischer Gefahrenpunkt bei leicht verderblichen Lebensmitteln ist auch die lückenlose Einhaltung von Kühlketten. Hier wären als Lenkungsmaßnahme kontinuierliche Temperaturmessungen angebracht.

Nun müssen schon frühzeitig Korrekturmaßnahmen erarbeitet werden, die dann greifen, wenn das Überwachungssystem und die Lenkungsmaßnahmen den kritischen Kontrollpunkt nicht in den Griff bekommen.

Ein weiterer wichtiger Baustein ist die Dokumentation, die zeigen soll, dass die Vorschriften erfüllt wurden. Anhand von Wareneingangskontrolle, Temperaturlisten, Reinigungsplänen, regelmäßigen Schädlingskontrollen und anderen Prüfplänen werden alle durchgeführten Maßnahmen festgehalten. Diese Dokumente müssen den zuständigen Überwachungsbehörden auf Verlangen vorgelegt werden. Das Dokumentieren von Gefahrenstellen und Schwachstellen ist natürlich arbeitsintensiv, bietet aber für die Kontrollbehörde den Beleg, dass man an der Sache dran ist und sich um Lösungen bemüht. Auf Seite 33 finden Sie Vorschläge für Musterbögen, um die Dokumentation zu erleichtern.

Mit dieser betrieblichen Eigenkontrolle kann jeder Betrieb die passenden Sicherungsmaßnahmen entwickeln, um gesundheitlich unbedenkliche Lebensmittel zu garantieren.

Vorgehensweise HACCP
- Durchführung einer Gefahrenanalyse bei allen Verarbeitungsschritten
- Festlegung der kritischen Kontrollpunkte (CCP) und der lenkenden Maßnahmen
- Überwachung der Lenkungspunkte mit entsprechender Dokumentation
- Festlegung von Korrekturmaßnahmen
- Überprüfung der Eigenkontrolle

Musterbögen für das Dokumentieren von Gefahrenstellen

Dokumentation Lagerkontrolle (Kräuterlager)

Datum	Temperatur (°C)	Luftfeuchtigkeit (%)	Befund Motten	Eingesetztes Lagerschutzmittel
1.09.2016	19	55	0	
1.10.2016	17	48	++	Schlupfwespen

Befunde: 0 = kein Befall; + Befall; ++ starker Befall
Die Lagerkontrolle bezüglich des Mottenbefalls wird mithilfe von Köderfallen (Pheromon) durchgeführt. Temperaturen sollten ganzjährig unter 20 °C liegen.

Dokumentation durch Reinigungs- und Desinfektionspläne (Abpackraum Tee)

Datum	Raum/ Gegenstände	Reinigungs-/ Desinfektionsmittel	Unterschrift
03.02.2016	Packstelle/Waage	Bio AntiBact	
19.02.2016	Lagerregale	Wasser, Schmierseife	

Der Aufwand ist nicht überall gleich

Die HACCP-Grundsätze sind zwar für alle Lebensmittelbetriebe vorgeschrieben, gelten aber nicht für alle Betriebe gleich streng. Leicht verderbliche Lebensmittel bergen ein viel größeres Gefährdungspotenzial als „unkritische" Lebensmittel. Letztere benötigen weder kontinuierliche Kühlung noch ein Erhitzen, um die Gefahr durch Mikroorganismen einzuschränken. Die Wahrscheinlichkeit, dass es bei der Verarbeitung von Kräuterfrischkäse zu Hygieneproblemen kommt, ist um ein Vielfaches höher als bei der Produktion und dem Verkauf von Kräutersalz oder Kräuteressig. Dementsprechend muss ein Betrieb, der kritische Lebensmittel verarbeitet, eine wesentlich aufwendigere Analyse und Kontrolle durchführen. Hier ist es eventuell sinnvoll, auf die Unterstützung externer Berater zurückzugreifen.

Als Beispiel für die Umsetzung des HACCP-Konzeptes bei einem unkritischen Lebensmittel soll hier die Herstellung einer Gewürzmischung namens „Kräuter der Provence" dienen:

Beispiel für die Umsetzung des HACCP-Konzeptes	
Kritische Kontrollpunkte (CCP)	Wareneingang der Einzelkräuter Lagerung der Kräuter Mischen und Abpacken der Gewürzmischung
Gefahr im Hygienebereich	Anlieferung qualitativ minderwertiger Ware Kurze Haltbarkeitsdaten Schädlingsbefall durch Lebensmittelmotten während der Lagerung Verunreinigung der Kräuter beim Mischen und Abpacken
Lenkende Maßnahmen	Wareneingangskontrolle (sensorische und optische Prüfung, Haltbarkeitsdaten) Regelmäßige Schädlingskontrolle, kühle Lagerung, eventuell vorbeugendes Frosten der Kräuter Personalhygiene beim Abpacken (Arbeitskleidung, Mundschutz, Haube, Handschuhe) Gerätehygiene (Reinigung der Arbeitsfläche und des Mischbehälters)
Überwachungsverfahren und Dokumentation	Dokumentation der Wareneingangsprüfung Regelmäßige Schädlingskontrolle durch Pheromonfallen und Dokumentation der Kontrolle Dokumentation der Reinigung durch Reinigungspläne regelmäßige Kontrolle, ob die betriebsspezifische Arbeitsanweisung eingehalten wird
Maßnahmen bei Abweichung	Reklamation der Eingangsware Schädlingsbekämpfung bei Befall, Ausräumen und Reinigen des Lagers und Sicherstellung der betroffenen Kräuter Hygieneschulung des Personals

Passend zu diesem Thema gibt es eine sehr informative CD-Rom mit dem Titel „Qualitätssicherungs-Leitfaden Arznei- und Gewürzpflanzenanbau". Der Leitfaden gibt eine Einführung in den Bereich Qualitätssicherungsmanagement speziell für Arznei- und Gewürzpflanzenproduzenten. Aufgeführt sind Praxisbeispiele sowie viele Dokumente und Checklisten, die den Aufbau eines eigenen QS-Systems erleichtern. Mit rund 78 Euro ist die CD-Rom allerdings recht teuer. Sie kann bezogen werden über: Pharmaplant GmbH, Straße am Westbahnhof, 06556 Artern.

Außerdem bietet der Deutsche Bauernverband in Zusammenarbeit mit der Fördergemeinschaft Einkaufen auf dem Bauernhof eine „Hygieneleitlinie für Direktvermarkter" an, die Direktvermarktern helfen kann, ein einfaches und praktikables Eigenkontrollsystem zu entwickeln. Die Leitlinie ist zum Preis von rund 29 Euro erhältlich.

Bäuerliche Betriebe in Österreich können sich bei der Landwirtschaftskammer Österreich kostenlos ein „Handbuch zur Eigenkontrolle" besorgen.

HACCP – auch außerhalb der Hygiene anwendbar

Das System der Critical Control Points ist zwar ausschließlich auf die möglichen Gesundheitsgefahren und die nötigen Hygienemaßnahmen ausgelegt. Trotzdem können Sie als Betriebsinhaber dieses System auch für andere Qualitätsmaßnahmen einsetzen. Ein praktisches Beispiel: Eine Hausteemischung wird beanstandet, weil bei der Prüfung des Tees die Zutat „Fenchel", die auf der Teetüte aufgeführt ist, nicht nachgewiesen werden konnte. Nach dem Lebensmittel-Bedarfsgegenstände- und Futtermittelgesetzbuch liegt damit eine Irreführung vor.

Das ist ein Fall für eine Schwachstellenanalyse nach den HACCP-Grundsätzen: In grobschnittigen Teemischungen oder Ganzblatttees sinken die relativ kleinen Fenchelsamen der Schwerkraft folgend ab, und der Tee entmischt sich. Außerdem lassen sich diese großblättrigen Mischungen nicht so gut homogen durchmischen und erfordern beim Abfüllen in die Endverkaufspackung große Aufmerksamkeit. Großblättrige Mischungen lassen sich kaum maschinell abfüllen, weshalb in der Regel händisch abgepackt werden muss. Es kann also beispielsweise passieren, dass sich in der einen Teetüte fünf Ringelblumenblüten, aber kein Fenchel, und in der nächsten Tüte nur eine Ringelblumenblüte, aber viele Fenchelfrüchte befinden. Die Vorgaben der Lebensmittelkennzeichnungsverordnung (LMKV) bezüglich des Zutatenverzeichnisses werden in diesem Fall nicht korrekt erfüllt (siehe Seite 51).

In der „Schwachstellenanalyse" kristallisiert sich also bei Teemischen und Abpacken ein Critical Control Point heraus, der gelenkt werden muss. Der Vorgang könnte folgendermaßen dokumentiert werden:

Beispiel einer Schwachstellenanalyse nach HACCP	
Kritische Kontrollpunkte (CCP)	Mischen des Tees Abpacken des Tees
Gefahr	Entmischen der Teemischung in eine inhomogene Teemischung während der Lagerung Schlechtes Durchmischen bei händischer Abpackung Deklaration von möglicherweise nicht vorhandenen Bestandteilen auf der Endverpackung Falsche Deklaration bezüglich der mengenmäßigen Anteile auf der Zutatenliste
Grenzwerte	Prozentuale Anteile der auf der Packung angegebenen mengenmäßigen Bestandteile (Rezeptur)
Lenkende Maßnahmen	Gutes Durchmischen kurz vor dem Abpacken und in regelmäßigen Abständen während des Abpackens Entnahme des Tees aus verschiedenen Bereichen des Mischbehälters (oben/unten), um nach unten sinkende kleine Bestandteile ebenfalls zu fassen
Überwachungsverfahren	Prüfung jeder fünfzigsten Teetüte: Gewicht der Einzelbestandteile nachprüfen und mit Zutatenliste abgleichen Regelmäßige Kontrolle der Einhaltung der betriebsspezifischen Arbeitsanweisung (z. B. kontinuierliches Mischen beim händischen Packen)
Maßnahmen bei Abweichung	Korrektur im laufenden Prozess Sicherstellung der betroffenen Charge Ggf. Nachfüllen der Packungen

Weitere Qualitätssicherungssysteme

Bezüglich der Lebensmittelhygiene spielt die Qualitätssicherung eine entscheidende Rolle. Deshalb gibt es neben den oben beschriebenen rechtsverbindlichen Vorschriften noch weitere Qualitätssicherungssysteme, über die wir uns einen Überblick verschaffen wollen. Für den Lebensmittelbereich sind sie freiwilliger Natur, für die Erzeugung und Verarbeitung von Arzneimitteln und Kosmetika sind sie teilweise vorgeschrieben.

GACP-Richtlinien regeln die Primärproduktion

GACP ist das Kürzel für „Good Agricultural and Collection Practice", was so viel heißt wie „Gute Praxis für Anbau und Sammlung von Arzneipflanzen". Die Richtlinien dienen dazu, eine hohe Qualität des Pflanzenmaterials und der daraus hergestellten Arzneimittel sicherzustellen. Mit der GACP-Richtlinie soll die Qualitätssicherung des GMP-Leitfadens (siehe unten) auch auf das Sammeln, den Anbau, die Ernte und die Trocknung der Kräuter ausgedehnt werden. Die Qualitätssicherung beginnt schon beim Saat- und Pflanzgut. Außerdem werden die Bereiche Verarbeitung und Lagerung berücksichtigt. Auch die regelmäßige Schulung der Sammler und Landwirte ist Bestandteil der Richtlinien.

Die Anweisungen sind sehr allgemein gehalten, etwa wenn es heißt, „Pestizide [sollten] wenn möglich vermieden werden" oder „Medizinal-Pflanzen sollen geerntet werden, wenn sie die bestmögliche Qualität besitzen". Die Anforderungen der biologischen Anbauverbände (siehe Seite 66) sind weitaus strenger geregelt.

Die Richtlinie finden Sie auf Englisch bei der European Medicines Agency www.ema.europa.eu. Geben Sie dazu in der Suchfunktion der Seite „HMPC Guideline on GACP" ein.

QS-System der deutschen Landwirtschaft

Das QS-Prüfzeichen entwickelte sich nach der BSE-Krise auf Initiative von Verbänden der konventionellen Landwirtschaft. Das Kontrollsystem wird von der QS Qualität und Sicherheit GmbH vergeben (www.q-s.de). Ursprünglich stand der Bereich Fleisch und Fleischwaren im Vordergrund, inzwischen gibt es auch ein Kontrollsystem für Obst, Gemüse und Kartoffeln, worunter auch der Kräuteranbau fällt. Das System basiert vor allem auf Eigenkontrolle, die von akkreditierten Kontrollstellen überprüft wird.

Die Prüfkriterien unterscheiden sich kaum von den ohnehin bestehenden gesetzlichen Anforderungen. Es wird allerdings regelmäßiger und häufiger kontrolliert als durch die staatlichen Überwachungsbehörden. Das Anforderungsprofil liegt jedoch hinter dem der Biokontrolle zurück!

Die GMP (Good Manufacturing Practice) wird bei Kosmetik benötigt

Die GMP, zu Deutsch „Gute Herstellerpraxis", enthält Richtlinien zur Qualitätssicherung bei der Produktion von Arzneimitteln und Kosmetika. Der GMP-Leitfaden ist eine Sammlung von Verhaltensmaßnahmen und Vorschriften, die beispielsweise die Räumlichkeiten, die Technische Ausrüstung, die Ausgangsmaterialien, das Personal und vor allem die Dokumentation der Herstellungsabläufe betreffen. Da diese Richtlinien zu den gesetzlichen Anforderungen der Kosmetikherstellung gehören, sind sie dort ausführlich beschrieben (siehe Seite 87).

Die GLP (Good Laboratory Practice)
Die GLP (Gute Laborpraxis) ist ein Qualitätssicherheitssystem, das Ablauf und Bedingungen von Laborprüfungen (vor allem Sicherheitsprüfungen und Risikobewertungen) regelt. In der Richtlinie 2004/10/EG des Europäischen Parlaments und des Rates sind die Regeln zusammengefasst.

Pflanzenschutzmittel: Höchstmengen dürfen nicht überschritten werden

Wenn es um Lebensmittelsicherheit und Verbraucherschutz geht, dann gibt es neben der Hygiene noch ein weiteres Problem: die Rückstände von Pflanzenschutzmitteln. Da diese Stoffgruppe sehr toxisch ist, wurden vom Gesetzgeber Rückstandshöchstgehalte eingeführt, deren Überschreitung rechtliche Konsequenzen für den Anwender der Pflanzenschutzmittel nach sich ziehen. Betroffene Lebensmittel werden aus dem Verkehr gezogen. Früher wurde dies durch die Rückstandshöchstmengenverordnung geregelt, heute gilt die Verordnung (EG) Nr. 396/2005 über Höchstgehalte an Pestizidrückständen in und auf Lebens- und Futtermitteln. Die geltenden Höchstgehalte finden sich in den Anhängen II, IIIA und IIIB der Verordnung. Die amtliche Lebensmittelüberwachung kann unangemeldet Proben ziehen und untersuchen lassen.

Die Zulassung von Pflanzenschutzmitteln muss für die im ökologischen Landbau erlaubten Mittel genauso vorliegen wie für konventionelle Mittel. Die Liste der über 1400 zugelassenen Mittel ist beim Bundesamt für Verbraucherschutz und Lebensmittelsicherheit (www.bvl.bund.de) einsehbar. Es erscheint etwas paradox, dass einerseits ihre Anwendung bei Lebensmitteln erlaubt ist, und andererseits wegen ihrer Giftigkeit Höchstmengen festgelegt werden. Dem Problem der Pflanzenschutzmittel kann man sich zumindest teilweise entziehen, indem man nur Lebensmittel aus kontrolliert biologischem Anbau verarbeitet und verkauft.

Bei der Erzeugung und Vermarktung tierischer Produkte ist die Verordnung über Stoffe mit pharmakologischer Wirkung zu beachten. Sie enthält zum Beispiel Anwendungsverbote für Antibiotika und Hormone.

Gewerberecht und Steuerrecht für Direktvermarkter

Die nachfolgenden Abschnitte enthalten vor allem Informationen für landwirtschaftliche Direktvermarkter von Lebensmitteln, die diese im eigenen Hofladen vermarkten wollen. Dabei geht es in erster Linie um die Frage, wie der Nebenbetrieb des Hofladens gewerberechtlich und steuerrechtlich eingestuft wird.

Gewerbeordnung – Ausnahmen bei Direktvermarktung

Grundsätzlich müssen Sie eine gewerbliche Tätigkeit, also beispielsweise den Verkauf von Kräutern und Kräuterprodukten, bei der zuständigen Gemeinde als Gewerbe anzeigen (§ 14 Absatz 1 GewO). Für die Gewerbeanmeldung wird eine geringe Gebühr erhoben. Von dieser Anmeldung erhalten auch andere Institutionen Kenntnis, nämlich das Statistische Landesamt, die Industrie- und Handelskammer, die Handwerkskammer, die zuständige Berufsgenossenschaft, das Eichamt, die Bundesagentur für Arbeit und die zuständige Gewerbeaufsichtsbehörde. Bei dem Begriff „Gewerblichkeit" muss allerdings unterschieden werden zwischen gewerblich im Sinne der Gewerbeordnung und im Sinne der steuerlichen Gewerblichkeit (siehe Seite 42). Hier gelten unterschiedliche Voraussetzungen, sodass ein Gewerbebetrieb nach Gewerbeordnung, nicht unbedingt steuerrechtlich gewerblich sein muss.

Bezüglich der Anzeigepflicht sieht die Gewerbeordnung eine Ausnahme vor, nämlich für Direktvermarkter selbst erzeugter landwirtschaftlicher Produkte. Werden diese am Erzeugerort (vom Feld), im Erzeugerbetrieb oder auf einem Wochenmarkt verkauft, gilt dies nicht als Gewerbe und braucht bei der Gemeinde nicht angezeigt zu werden. Diese Regelung betrifft aber nur Erzeugnisse aus der sogenannten Urproduktion, also rohe unverarbeitete Produkte direkt vom Feld (z. B. Salat, Kartoffeln, Erdbeeren, frische Kräuter). Weiterverarbeitete Erzeugnisse aus eigener Produktion fallen nicht unter die Urproduktion. Bei deren Verkauf nimmt der landwirtschaftliche Betrieb einen gewerblichen Charakter an. Mit anderen Worten: Die Erdbeeren in der Schale sind Urproduktion, die Erdbeerkonfitüre im Glas hingegen ist als Gewerbe anzeigepflichtig.

Der Begriff „Urproduktion" sollte jedoch noch etwas genauer definiert werden. Die erste Be- oder Verarbeitungsstufe wird in der Regel zur Urproduktion gerechnet, also etwa das Waschen und Reinigen von Gemüse, das Trocknen und Rebeln von Kräutern, das Mahlen von

Getreide zu Mehl oder das Pressen von Äpfeln zu Apfelsaft (siehe Tabelle Seite 41). Was über die erste Verarbeitungsstufe hinausgeht, ist als Gewerbe anzusehen, es sei denn, der Umfang ist nur sehr gering. Also kann ein Betrieb, der beispielsweise aus seinem Mehl für den Eigenbedarf Brot und Gebäck herstellt, durchaus eine kleine Mehrproduktion an den Kunden verkaufen, ohne dadurch gewerblich zu werden. Gleiches gilt für das Herstellen von Wurst aus „selbst erzeugten" Schlachttieren. Zur Urproduktion gehören übrigens nicht nur Landwirtschaft, Wein- und Gartenbau, sondern auch Jagd und Fischerei.

Der Hofladen als Nebenbetrieb

Die Grenze zur Gewerblichkeit wird allerdings überschritten, wenn der Verkauf der unverarbeiteten Produkte in einem regelmäßig betriebenen öffentlichen Ladenlokal erfolgt. Die Urproduktionsregel gilt also nur bei Ab-Feld-Verkauf und beim Verkauf auf Wochenmärkten oder direkt aus dem Stall oder dem Lagergebäude. Unter gewissen Einschränkungen ist auch der Verkauf in einem Hofladen möglich, ohne dass eine Gewerblichkeit eintritt: Der Hofladen darf dann aber keinen professionellen Charakter haben, und es dürfen ausschließlich eigene Produkte der Urproduktion beziehungsweise der ersten Verarbeitungsstufe angeboten werden. Außerdem darf der landwirtschaftliche Nebenbetrieb, also der Hofladen, nicht den Umsatz des landwirtschaftlichen Hauptbetriebes übersteigen. Es muss auch Personengleichheit zwischen dem landwirtschaftlichen Hauptbetrieb und dem Nebenbetrieb (Hofladen) bestehen.

Wenn die landwirtschaftliche Tätigkeit zur Nebensache wird, tritt Gewerblichkeit ein, auch wenn nur Produkte aus der ersten Verarbeitungsstufe angeboten werden: Also wenn ein Betrieb das Ausgangsprodukt (z. B. Weißkohl) nur produziert, um daraus mit hohem Aufwand im Nebenbetrieb ein Produkt (z. B. Sauerkraut) herzustellen und zu vermarkten. Ein weiteres Beispiel wäre ein Kräuterbetrieb, der seine selbst erzeugten getrockneten Kräuter ausschließlich im Hofladen als Teemischungen vermarktet: Der Kräuteranbau wird somit zur Nebensache!

Ebenfalls bedacht werden muss der Zukauf von anderen Landwirten oder dem Handel: Überschreiten diese Erzeugnisse die 10-%-Zukaufsgrenze, dann liegt ein Gewerbebetrieb vor und die Gewerbeanzeige wird notwendig. Die Zukaufsgrenze bezieht sich nicht auf den prozentualen Umsatz, sondern auf Menge und Gewicht der Ware.

Zuordnung von Produkten zu verschiedenen Verarbeitungsstufen

Urprodukt (Landwirtschaft)	1. Verarbeitungsstufe (landwirtschaftlicher Nebenbetrieb – kein Gewerbe)	2. Verarbeitungsstufe (anzeigepflichtiges Gewerbe)
Kräuter, Gewürze	Trocknen, Zerkleinern	Teemischung, Kräutersalz
Obst	Trockenobst, Obstsäfte, Obstwein, Zerkleinern und Einmachen (Konserven)	Obstlikör, Obstschnaps, Obstkuchen, Konfitüre, Fruchtaufstrich, Gelee
Getreide	Mehl, Schrot, Flocken, Kleie, Branntwein (Feinsprit)	Brot, Backwaren, Kuchen, Müslimischung, Nudeln, Trinkbranntwein
Gemüse	Zerkleinern und Konservieren	Suppen, Gemüsefond, Fertiggerichte
Kartoffeln	Kartoffelflocken, Kartoffelstärke, Feinsprit	Kartoffelgerichte, Chips, Trinkbranntwein
Eier	Flüssigeier	Eiernudeln, Eierlikör
Rind	Geschlachtet und in Viertel zerlegt	Kleine bratfertige Stücke, Wurst
Schwein, Schaf, Wild	Geschlachtet und in Hälften zerlegt	Kleine bratfertige Stücke, Wurst
Geflügel	Geschlachtet und gerupft	Kleine bratfertige Stücke, Wurst
Milch	Milchprodukte: z. B. Joghurt, Butter, Käse, Sahne, Quark, Sauermilcherzeugnisse	Milchpulver, Milchzucker, Speiseeis, Kondensmilch

Handwerksordnung: zulassungspflichtige Handwerke

Das Backen von Brot oder das Herstellen von Wurst gehören zu den gewerblichen Tätigkeiten, die in ganz geringem Umfang aber noch vom Direktvermarkter ausgeführt werden dürfen. Haben sie einen größeren Umfang, wird der landwirtschaftliche Nebenbetrieb gewerblich. Ein Problem, das sich dann dem Direktvermarkter stellt, ist die Handwerksordnung. Denn solche Tätigkeiten (Bäckerei, Konditorei, Fleischerhandwerk) gehören zu den zulassungspflichtigen Handwerken (§ 1

Absatz 2 HwO). Laut Handwerksordnung besteht eine Eintragungspflicht in die Handwerksrolle. Für die Eintragung ist jedoch die Ablegung der Meisterprüfung des jeweiligen Handwerks erforderlich. Entscheidend, ob die Meisterprüfung zwingend nötig wird, ist dabei die Formulierung, dass „die handwerkliche Tätigkeit in nur unerheblichem Umfang ausgeübt wird". Kriterien sind Umfang der Tätigkeit und der mit ihr erzielte Umsatz. Also darf beispielsweise der Umsatz beim Verkauf von Brot den Umsatz des landwirtschaftlichen Hauptbetriebes nicht erreichen und es darf auch keine in Vollzeit beschäftigte Person mit dem Brotbacken betraut sein. Es dürfen höchstens 40 Arbeitsstunden pro Woche anfallen. Außerdem darf beim Umsatz die Unerheblichkeitsgrenze nicht überschritten werden: Sie orientiert sich am Nettojahresumsatz eines alleintätigen Bäckers oder Fleischers. Überschreitet der landwirtschaftliche Nebenbetrieb diese Grenzen, so könnte der Landwirt die vorgeschriebene Meisterprüfung umgehen, indem er einen Betriebsleiter einstellt, der die Voraussetzungen erfüllt. Grundsätzlich ist es sinnvoll, sich im Zweifelsfalle von der zuständigen Handwerkskammer beraten zu lassen.

Steuerregeln für Direktvermarkter

Steuerrechtlich gelten für die Erzeugung von Urprodukten und deren Direktvermarktung einige Besonderheiten. Es gibt dafür eine gesonderte Einkunftsart, die „Einkünfte aus Land- und Forstwirtschaft", sowie eine besondere Behandlung bei der Umsatzsteuer mit der Umsatzsteuerpauschalierung (§ 24 UStG). Die landwirtschaftliche Direktvermarktung kann im steuerrechtlichen Sinn eine gewerbliche Tätigkeit darstellen, v. a. wenn Produkte der zweiten Verarbeitungsstufe (siehe Tabelle Seite 41) oder zugekaufte Erzeugnisse vermarktet werden.

Selbst hergestellte gewerbliche Erzeugnisse aus der 2. Verarbeitungsstufe (also z. B. Teemischungen) gelten steuerrechtlich nicht als gewerblich, wenn der Umsatz unter 51 500 Euro im Wirtschaftsjahr liegt und nicht mehr als ein Drittel des Gesamtumsatzes ausmacht. Auch hinsichtlich der zugekauften Waren gilt die gleiche Grenze. Wird sie unterschritten, zählt man zur Landwirtschaft, überschreitet man sie, handelt es sich um ein Gewerbe! Gewerblich wird dann aber nur der Absatz der zugekauften Erzeugnisse; die im Hofladen verkauften Eigenprodukte gehören weiterhin zu den landwirtschaftlichen Einkünften. Liegen die Einnahmen unter der Grenze von 51 500 Euro, dann sind sämtliche Einkünfte aus dem Hofladen landwirtschaftliche Einkünfte.

Bei der Umsatzsteuer müssen Sie differenzieren: Für die Eigenerzeugnisse können Sie die pauschale Umsatzsteuer einsetzen, für die zugekaufte Ware gilt der entsprechende Regelsatz von 7 % oder 19 %, der an den Fiskus abgeführt werden muss (siehe Tabelle).

Die steuerliche Einteilung in landwirtschaftlich oder gewerblich ist in Bezug auf die womöglich anfallende Einkommens-, Gewerbe- und Umsatzsteuer von Bedeutung, aber auch bezüglich der Lohnsteuer bei Aushilfen oder der Kraftfahrzeugsteuerbefreiung. Für die gewerblichen Einkünfte kann Gewerbesteuer anfallen, wenn der Freibetrag überschritten wird. Für die gewerbliche Tätigkeit gibt es keinen „Freibetrag Landwirtschaft". Außerdem fallen die Umsätze aus der gewerblichen Tätigkeit nicht mehr unter die pauschale Umsatzbesteuerung (10,7 %) nach § 24 UStG. Sie müssen gesondert erfasst werden und fallen unter die Regelbesteuerung. Die im gewerblichen Bereich gezahlten Aushilfslöhne sind nicht mit 5 %, sondern mit 20 % oder 25 % zu versteuern. Klären Sie die steuerrechtlichen Fragen mit einem Fachmann.

Einkunftsarten und steuerliche Behandlung bei Direktvermarktung				
Ausschließlich zugekaufte Produkte	Ausschließlich eigenerzeugte Produkte (Urproduktion und 1. Verarbeitungsstufe)	Eigenerzeugnisse und Zukaufsware (bis 1/3 des Umsatzes bzw. 51 500 €)	Eigenerzeugnisse und Zukaufsware (über 1/3 des Umsatzes bzw. 51 500 €)	Eigenerzeugnisse der 2. Verarbeitungsstufe (über 1/3 des Umsatzes bzw. 51 500 €)
Einkünfte gewerblich	Einkünfte landwirtschaftlich	Einkünfte landwirtschaftlich	Einkünfte Eigenerzeugnisse: landwirtschaftlich Zukaufsware: gewerblich	Einkünfte gewerblich
Regelbesteuerung	Pauschalbesteuerung	Eigenerzeugnisse: Pauschalbesteuerung Zukaufsware: Regelbesteuerung	Eigenerzeugnisse: Pauschalbesteuerung Zukaufsware: Regelbesteuerung	Pauschalbesteuerung

Ladenschluss: Irgendwann ist dicht

Wenn Sie ein Ladengeschäft führen, dann gelten für Ihr Geschäft die Regelöffnungszeiten nach dem Ladenöffnungsgesetz: Montag bis Samstag von 0 Uhr bis 24 Uhr. An Sonn- und Feiertagen bleiben die Läden geschlossen. Aber auch hier gibt es Ausnahmen: Bäcker- und Konditorwaren sowie frische Milch dürfen für die Dauer von drei Stunden verkauft werden. Direktvermarkter von selbst erzeugten landwirtschaftlichen Produkten dürfen diese auf landwirtschaftlichen Betriebsflächen sogar für die Dauer von sechs Stunden zum Verkauf anbieten. In Österreich und der Schweiz gelten andere Ladenöffnungszeiten.

Rechtliche Grundlagen der Lebensmittelkennzeichnung

Die Lebensmittelkennzeichnung ist in der EU inzwischen weitgehend vereinheitlicht. Für die Kennzeichnung sind vor allem zwei Gesetze und eine große Zahl von Verordnungen entscheidend.

Jede Menge Gesetze

Das Lebensmittel-, Bedarfsgegenstände- und Futtermittelgesetzbuch (LFGB) enthält die grundlegenden lebensmittelrechtlichen Bestimmungen, die durch folgende Verordnungen und Richtlinien umgesetzt und ergänzt werden: EU-Lebensmittelinformationsverordnung Nr. 1169/2011 (LMIV), Verordnung (EG) Nr. 178/2002, Etikettierungsrichtlinie 2000/13/EG, Lebensmittelkennzeichnungsverordnung (LMKV), Fertigpackungsverordnung, Los-Kennzeichnungsverordnung, Preisangabenverordnung, Zusatzstoff-Zulassungsverordnung, Nährwertkennzeichnungsverordnung und Nährwertkennzeichnungsrichtlinie 90/496/EWG. Darüber hinaus gibt es für bestimmte Produktgruppen besondere Kennzeichnungsvorschriften, die dann beispielsweise in der Fruchtsaft-, Konfitüren-, Honig-, Diät-, Essig- oder Eierverordnung geregelt werden.

Das Eichgesetz ist für die Kennzeichnung ebenfalls bedeutungsvoll, denn es regelt beispielsweise die Eichpflicht, also die Zulassung und Eichung der gewerblich genutzten Messgeräte. Außerdem werden hier die Fertigpackungen definiert: als Erzeugnisse, „die in Abwesenheit des Käufers abgepackt und verschlossen werden, wobei die Menge des darin enthaltenen Erzeugnisses ohne Öffnen oder merkliche Änderung der Verpackung nicht verändert werden kann" (§ 6 Eichgesetz). Zudem wird im Eichgesetz festgelegt, dass Fertigpackungen so gestaltet und befüllt sein müssen, dass sie keine größere Füllmenge vortäuschen, als in ihnen tatsächlich enthalten ist.

Nachfolgend sind aus den oben genannten Gesetzen und Verordnungen die wichtigsten Informationen zur Kennzeichnung zusammengetragen. Im Zweifelsfall ist es immer sinnvoll sich die entsprechenden Gesetze genau anzuschauen. Sie sind ausnahmslos aus dem Internet herunterladbar.

Was kommt aufs Etikett? Die Kennzeichnung von Fertigpackungen

Der größte Teil der Kräuterprodukte wird nicht „lose", sondern in Fertigpackungen (Gläser, Beutel) angeboten. Deshalb schauen wir uns zunächst die in den oben genannten Verordnungen vorgeschriebenen Angaben an, die auf fertig verpackten Lebensmitteln stehen müssen.

Alle Angaben müssen an gut sichtbarer Stelle stehen: entweder direkt auf der Verpackung oder auf einem mit dem Produkt fest verbundenen Etikett. Die Schrift muss mindestens 1,2 mm groß und außerdem deutlich lesbar und unverwischbar sein. Bei handgeschriebenen Etiketten müssen Sie beispielsweise darauf achten, dass die Handschrift lesbar ist. Da die Druckerfarbe unverwischbar sein muss, ist der Einsatz von Tintenstrahldruckern nicht sinnvoll. Ist die Oberfläche kleiner als 80 cm^2, beträgt die geforderte Mindestschriftgröße nur 0,9 mm.

Importierte Waren benötigen ein deutsches Zusatzetikett. Eine andere Kennzeichnungssprache als Deutsch ist nur erlaubt, wenn dadurch die Produktinformation nicht beeinträchtigt wird. Dazu gehören beispielsweise verständliche Entlehnungen aus anderen Sprachen, wie „Pommes frites" oder „Pesto".

Da der Einkauf im Internet in den letzten Jahren auch den Lebensmittelhandel erfasst hat, musste der Gesetzgeber reagieren. Für den sogenannten Fernabsatz, zu dem auch der Verkauf über Kataloge gehört, gelten die gleichen Kennzeichnungspflichten wie für Waren, die in Geschäften angeboten werden. Der Verbraucher muss die geforderten Informationen auf der Website oder im Katalog vor Abschluss des Kaufvertrages einsehen können.

Bestimmte Lebensmittel sind von der umfangreichen Kennzeichnungspflicht ausgenommen. Für sie gelten eigene, weniger strenge Rechtsvorschriften. Dazu gehören beispielsweise offen verkaufte Waren, wie sie auf Wochenmärkten oder an der Bäcker- und Käsetheke angeboten werden (siehe Seite 70).

> **Pflichtangaben auf fertig verpackten Lebensmitteln**
> Folgende neun Angaben müssen grundsätzlich auf fertig verpackten Lebensmitteln stehen (in Klammern die entsprechenden Gesetze)
> - *Bezeichnung des Lebensmittels (= Verkehrsbezeichnung) (§ 4 LMKV / Artikel 17 LMIV)
> - Zutatenverzeichnis (§ 6 LMKV / Artikel 18/19 LMIV)
> - *Alkoholgehalt bei alkoholischen Getränken (§ 7 b LMKV / Artikel 28)
> - Mindesthaltbarkeitsdatum (§ 7 LMKV / Artikel 24 LMIV)
> - *Nettofüllmenge (§ 6 FertigPackV / Artikel 23 LMIV)
> - Preisangabe (§ 1 und 2 PAngV)
> - Name und Anschrift des Lebensmittelunternehmers (§ 3.1 LMKV / Artikel 9 LIMV)
> - Losnummer (§ 1 LKV)
> - Nährwertangabe (ab Dezember 2016; Artikel 29 LMIV)
> * im gleichen Sichtfeld aufzuführen!

Verkehrsbezeichnung: Wie heißt das Lebensmittel?

Die Verkehrsbezeichnung, in Österreich und der Schweiz Sachbezeichnung genannt, soll es dem Verbraucher ermöglichen, die Art des Lebensmittels zu erkennen. Sie ist sozusagen der Name des Lebensmittels. Wie kommt ein Lebensmittel zu seinem Namen? Er ist entweder in einer Rechtsvorschrift festgelegt, oder es wird die nach allgemeiner Verkehrsauffassung übliche Bezeichnung gewählt. In Rechtsvorschriften ist beispielsweise geregelt, wann die Milch als „Vollmilch" oder „fettarme Milch" zu bezeichnen ist, oder wann eine Butter „Markenbutter" oder „Molkereibutter" genannt werden darf und unter welchen Voraussetzungen die Konfitüre den Zusatz „extra" tragen darf. Sind keine Rechtsvorschriften vorhanden, dann orientiert man sich an der allgemeinen Verkehrsauffassung, wie sie in den Leitsätzen des Deutschen Lebensmittelbuches für viele Lebensmittel beschrieben ist. Auch in Österreich und der Schweiz existieren solche Leitsatzsammlungen, die in ihrem Aufbau dem Deutschen Lebensmittelbuch ähneln. Meist gleichen sich die Verkehrsauffassungen dieser Länder, aber es gibt auch Ausnahmen. So kann man etwa in Österreich Marillen (Aprikosen), Paradeiser (Tomaten) oder Ribisel (Johannisbeeren) anbieten.

Wenn beides, Rechtsvorschrift und Verkehrsauffassung, fehlt, dann muss das Lebensmittel so beschrieben werden, dass der Verbraucher erkennen kann, worum es sich handelt. Es dürfen auch Bezeichnungen aus anderen EU-Staaten benutzt werden (z. B. Cornflakes, Pesto, Pasta, Bruschetta), sofern diese dem Durchschnittsverbraucher vertraut sind. Ansonsten müssten sie durch beschreibende Angaben ergänzt werden. Das würzige Ajvar ist noch weniger bekannt als Pesto und wird deshalb als „Paprika-Gemüsezubereitung" oder „Paprika-Würzpaste" beschrieben.

Sie dürfen den von Ihnen produzierten Lebensmitteln zwar Fantasienamen geben, diese ersetzen aber nicht die vorgeschriebenen Verkehrsbezeichnungen. So können Sie einen Kräutertee durchaus „Kräutertraum" nennen, aber nur, wenn gleichzeitig die Verkehrsbezeichnung „Kräutermischtee" oder „Kräuterteemischung" aufgeführt wird. Genauso wenig ersetzt der Fantasiename „Erdbeertraum" die korrekte Bezeichnung des Lebensmittels, nämlich „Erdbeer-Fruchtaufstrich". Auch Markennamen und Herstellernamen können Verkehrsbezeichnungen nicht ersetzen. Eine „Müller-Cola" der Firma Müller müsste dementsprechend den Zusatz „koffeinhaltiges Erfrischungsgetränk" tragen.

Die Namensfindung ist aber nicht so kompliziert, wie es einem beim Lesen der Kennzeichnungsverordnung vielleicht erscheinen mag. Vermutlich produzieren Sie ohnehin ein Lebensmittel, das es in dieser Art schon im Handel gibt, weshalb Sie sich an der bereits genutzten Verkehrsbezeichnung orientieren können. Die großen etablierten Lebensmittelhersteller machen (meistens) alles richtig.

Die richtige Bezeichnung: an Beispielen demonstriert
An einigen Beispielen beliebter Kräuterprodukte soll des Thema Verkehrsbezeichnung veranschaulicht werden: Kräutertees gehören laut Lebensmittelbuch zu den teeähnlichen Erzeugnissen. Sie können mit dem deutschen Namen der verwendeten Pflanze bezeichnet werden, oder man nutzt den Pflanzennamen in Verbindung mit dem Wort „Tee". Also: Kamille oder Kamillentee, Pfefferminze oder Pfefferminztee. Bei Mischungen verschiedener Kräutersorten sollten Sie das Wort „Mischung" verwenden, schreiben Sie also beispielsweise „Kräuter-Mischtee" oder „Kräutertee-Mischung". Es ist aber auch akzeptiert, Kräutertee oder Früchtetee zu schreiben. Wenn in einer Mischung eine Pflanzenart mehr als die Hälfte des Gewichts ausmacht und die Eigenart der Mischung bestimmt, wird sie nach dieser Pflanzenart in Verbindung mit dem Wort „Mischung" bezeichnet, zum Beispiel als „Melissenmischung" oder „Melissentee-Mischung".

Gewürzsalz oder Kräutersalz muss nach den Leitsätzen für Gewürze mehr als 40 % Salz enthalten. Der Kräuter-/Gewürzanteil muss mindestens 15 % betragen. Theoretisch könnten Sie demnach 15–59 % Kräuter-/Gewürzanteil zufügen, was allerdings praxisfremd ist. Üblicherweise enthalten solche Salze 15–25 % Kräuter. Die prozentualen Angaben beziehen sich auf die Gewichtsanteile an trockenen Kräutern. Nun wird aber Kräutersalz manchmal auch mit frischen Kräutern hergestellt. Dazu mischt man Salz und zerkleinerte frische Kräuter, lässt sie zum Durchziehen stehen und trocknet sie anschließend. Mit diesem Verfahren gewinnt man gute Farb- und Aromaergebnisse. Das Problem ist allerdings, dass die Blattkräuter ungefähr in einer Größenordnung von 5–6:1 eintrocknen, sodass der Trockenanteil der Kräuter meist nicht mehr den gesetzlichen Anforderungen von 15 % entspricht. Die üblichen Rezepturen gehen von einem Verhältnis der Gewichtsanteile von 1:2 (Kräuter zu Salz) aus. Hier sinkt der Kräuteranteil nach der Trocknung auf unter 10 %! Ein Ausweg wäre es, das Produkt nicht Kräutersalz zu nennen, sondern stattdessen die Bezeichnung „Gewürzzubereitung" zu wählen. Das Mischverhältnis muss nämlich mindestens 1:1 betragen, um den geforderten Gewichtsanteil von 15 % zu erreichen. Produktionstechnisch ist dieser hohe Frischkräuteranteil allerdings nicht ganz einfach zu handhaben.

Tipps zur Kräutersalzherstellung
Um sich von Billigprodukten abzuheben, sollten Sie für Ihr Kräutersalz hochwertige Rohstoffe verwenden: Die Salzgrundlage könnte ein qualitätvolles Meer- oder ein gutes Steinsalz sein, etwa das in Naturkostläden erhältliche Ursalz oder das Himalayasalz. Viele Kräutersalzhersteller strecken den Kräuteranteil mit billigem Gemüse (Sellerie, Knoblauch, Zwiebeln, Karotten), das viel Gewichtsvolumen bringt. Deshalb können diese Salze enorm günstig angeboten werden. Sie enthalten aber prozentual meist nicht allzu viele Kräuter. Mit einem reinen Kräutersalz können Sie sich qualitativ von solchen Salzen unterscheiden.
Zur Herstellung eignen sich alle aromatischen Kräuter, wie Petersilie, Dill, Estragon, Majoran, Oregano, Bohnenkraut, Thymian, Salbei, Rosmarin, Liebstöckel, aber auch Wildkräuter wie Brennnessel, Bärlauch, Bärwurz, Giersch, Quendel oder Löwenzahn.

Marmelade, Konfitüre oder Fruchtaufstrich?
Da Direktvermarkter von Kräuterprodukten häufig auch Produkte aus Wildfrüchten und Obst herstellen, soll an dieser Stelle noch auf die Vermarktung von Konfitüren, Marmeladen und Fruchtaufstrichen ein-

gegangen werden. In diesem Bereich gibt es hinsichtlich der Verkehrsbezeichnung einige Besonderheiten, und hier werden von Selbstvermarktern oftmals Fehler gemacht. Gesetzlich geregelt wird die Bezeichnung in der Konfitürenverordnung. Der gern verwendete Begriff „Marmelade" ist einer Zubereitung aus Zitrusfrüchten (Orangen, Zitronen) vorbehalten. Lediglich auf Bauern- und Wochenmärkten sowie in Hofläden darf er benutzt werden, da der Begriff „Marmelade" eine alte Tradition hat. In diesem Fall müssen aber trotzdem die spezifischen Vorschriften der Koniftürenverordnung eingehalten werden.

Die korrekte Bezeichnung ist „Konfitüre". Als solche darf das Erzeugnis nur deklariert werden, wenn pro 1000 g mindestens 350 g Fruchtmark (35 % Fruchtgehalt) enthalten sind. Ausnahmen gibt es für Hagebutten, Quitten, Vogelbeeren, Sanddorn und Johannisbeeren. Bei diesen Früchten genügen schon 25 % Fruchtanteil. Das Gleiche gilt für „Gelee", wo der Fruchtsaftanteil 35 % bzw. 25 % betragen muss.

„Konfitüre extra" oder „Gelee extra" darf sich das Produkt nennen, wenn mindestens 45 % Fruchtgehalt erreicht wird. Auch hier gibt es eine Ausnahme für die oben genannten Früchte, von denen 35 % Fruchtmark oder Fruchtsaft genügen. Werden mehrere Fruchtarten als „Konfitüre extra" oder „Gelee extra" verarbeitet, muss beachtet werden, dass in diesen Mischungen keine Äpfel, Birnen, Trauben, Pflaumen und Melonen enthalten sein dürfen. Bei der Mischung mehrerer Fruchtarten kann die Verkehrsbezeichnung „Mehrfrucht" gewählt werden.

Fruchtgehalt und Zuckergehalt müssen im gleichen Sichtfeld wie die Verkehrsbezeichnung aufgeführt werden, und zwar in folgendem Wortlaut: „hergestellt aus … g Früchten je 100 g" (Fruchtgehalt) und „Gesamtzuckergehalt … g je 100 g" (Zuckergehalt). Alle Konfitüren und Gelees müssen einen Gesamtzuckergehalt von mindestens 60 % haben. Der Zuckergehalt wird mit einem Refraktometer bestimmt. Das Problem ist nun, dass dieser geforderte Zuckerwert selbst bei einer üblichen Rezeptur von 1:1 (Früchte zu Zucker) nicht immer erreicht wird, schon gar nicht bei Rezepten im Verhältnis 2:1. Ein zu niedriger Zuckergehalt ist aber nicht zulässig.

Ein weiterer Fehler, der bei der Konfitürenherstellung passieren kann, ist die Verwendung von Gelierzucker, der eventuell Sorbinsäure enthält (vor allem Gelierzucker 2:1). Die Verwendung von Konservierungsmitteln ist bei Konfitüren aber nicht erlaubt!

Es gibt jedoch einen Ausweg für die Probleme „zu wenig Zucker" oder „Konservierungsstoffe im Geliermittel": der sogenannte Fruchtaufstrich. Hier gilt die Konfitürenverordnung nicht, weshalb keine spezifischen Anforderungen und Angaben erfüllt werden müssen.

50 Die Vermarktung von Kräutern als Lebensmittel

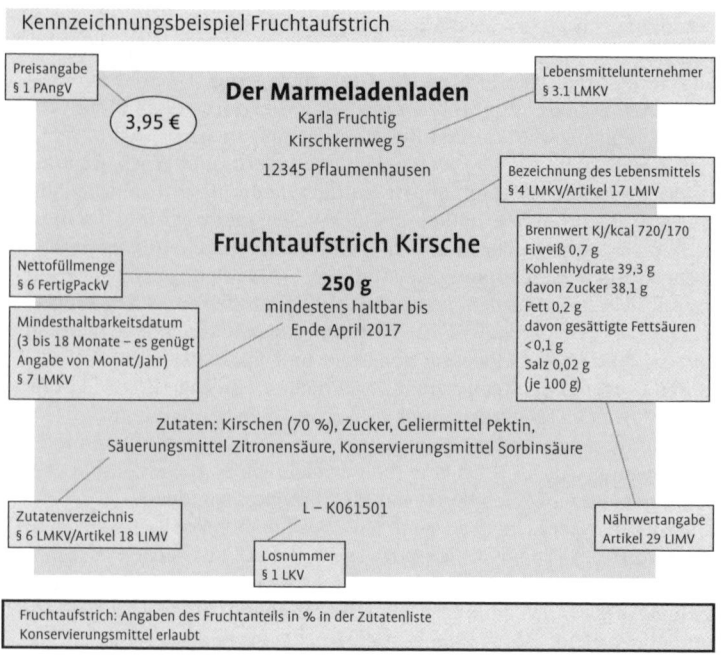

Die prozentuale Fruchtmenge wird hier lediglich im Zutatenverzeichnis aufgeführt (siehe Etikettenbeispiel). Der Gelierzucker wird als zusammengesetzte Zutat durch die Aufzählung der Einzelzutaten fachgerecht deklariert (Zucker, Geliermittel Pektin, Konservierungsmittel Sorbinsäure, Säuerungsmittel Zitronensäure). Ebenfalls als Fruchtaufstrich müssen Blüten- und Kräutergelees deklariert werden, da Blüten und Kräuter nicht der Konfitürenverordnung unterliegen. Ein Vorteil der Deklaration als Fruchtaufstrich ist zudem, dass hier Zuckerarten (Süßmittel) verwendet werden können, die in der Konfitürenverordnung nicht vorgesehen sind, beispielsweise Agavendicksaft, Ahornsirup oder Honig.

Rechtliche Grundlagen der Lebensmittelkennzeichnung

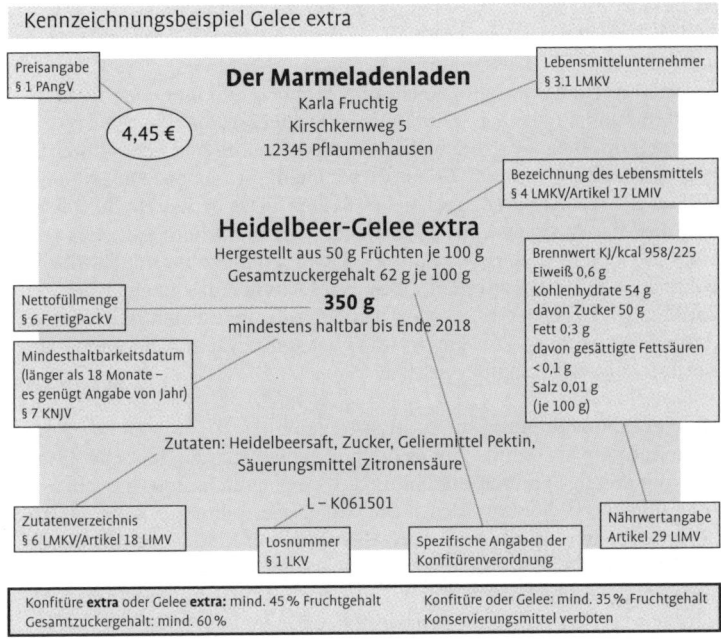

Kennzeichnungsbeispiel Gelee extra

Zutatenverzeichnis: Was ist drin im Lebensmittel?

Das Zutatenverzeichnis informiert über die genaue Zusammensetzung des Produkts. Es müssen sämtliche Zutaten einschließlich der Zusatzstoffe und Aromen angegeben werden. Die Zutaten werden in absteigender Reihenfolge ihres Gewichtsanteils aufgelistet. An erster Stelle steht die Hauptzutat, an letzter Stelle die Zutat mit dem geringsten Gewichtsanteil. Die Aufzählung muss mit einem Hinweis beginnen, der das Wort „Zutaten" enthält. Bei zusammengesetzten Zutaten, zum Beispiel Nudeln oder Wurst in einer Suppe, müssen die Einzelbestandteile dieser Zutat in Klammern aufgeführt werden.

Zusatzstoffe müssen mit ihrem Klassennamen und der E-Nummer benannt werden. An Stelle der E-Nummer kann auch die genaue Bezeichnung treten. Klassennamen sind beispielsweise Konservierungsstoff, Farbstoff, Emulgator, Geschmacksverstärker, Verdickungsmittel, Geliermittel und so weiter. Insgesamt sind derzeit über 300 Substanzen als Zusatzstoffe zugelassen. Die in der EU einheitlichen E-Nummern finden Sie unter www.zusatzstoffe-online.de. Deklarations-Beispiel: Farbstoff (= Klassenname) Carotin (= genaue Bezeichnung) oder alternativ: Farbstoff (= Klassenname) E160a (= E-Nummer).

Aromen werden mit der Bezeichnung Aroma oder einer genaueren Beschreibung angegeben, zum Beispiel Erdbeeraroma oder Pfefferminzextrakt. Bei einer genauen Herkunftsnennung muss das Aroma fast ausschließlich (zu 95 %) aus dieser Quelle stammen. Außerdem gibt es die Bezeichnung „natürliches Aroma". Das bedeutet allerdings nur, dass der Ausgangsstoff pflanzlicher oder tierischer Herkunft sein muss. So kann beispielsweise aus Zuckerrüben im Labor mit Hilfe von Bakterienkulturen, Schimmelpilzen und Enzymen das gewünschte Vanillearoma „gebastelt" werden. Die Begriffe „naturidentische" und „künstliche Aromastoffe" gibt es im Lebensmittelrecht nicht mehr, sie werden nun als Aroma bezeichnet.

Mengenkennzeichnung im Zutatenverzeichnis

Beim Zutatenverzeichnis gibt es einige Besonderheiten. Manche Zutaten können mit Sammelbezeichnungen, den sogenannten Klassennamen angegeben werden. Also „Käse" für Käsemischungen oder „Fisch" für verschiedene Fischarten. Auch Gewürze und Kräuter können Sie in der Zutatenliste als Sammelbezeichnung angegeben, sie müssen also nicht einzeln aufgelistet werden. Das gilt allerdings nur, wenn ihr Anteil am Lebensmittel weniger als 2 % beträgt.

In manchen Fällen muss die Menge einer Zutat in Prozent angegeben werden. Geregelt wird dies unter § 8 der Kennzeichnungsverordnung. Der Fachausdruck für die mengenmäßige Kennzeichnung ist QUID (Quantitative Ingredients Declaration). Die QUID-Angabe ist zum Beispiel erforderlich, wenn eine Zutat in der Verkehrsbezeichnung genannt wird. Also muss beim Bärlauch-Salz der prozentuale Bärlauchanteil in der Zutatenliste genannt sein. Das Gleiche gilt beispielsweise für Sonnenblumenbrot oder Basilikum-Pesto. Meist geschieht dies in einer Klammer hinter der Zutat oder direkt bei der Verkehrsbezeichnung (z. B. Gewürzsalz mit 20 % Bärlauch).

Falls eine Zutat auf dem Etikett durch Worte, Bilder oder eine grafische Darstellung hervorgehoben wird, gilt das Gleiche. Wird also bei einer Teemischung auf eine Zutat besonders hingewiesen, etwa durch den Zusatz „mit Apfelstückchen", ist ihr Anteil prozentual zu benennen. Ähnliche wörtliche Hervorhebungen sind „verfeinert mit Sahne" oder „mit vielen Nüssen". Auch auf dem Etikett abgebildete Nüsse können beispielsweise bei einem Müsli die QUID-Angabe erforderlich machen. Gleiches gilt, wenn ein Blütentee auf dem Etikett eine Mohnblume präsentiert, was die Angabe des Mohnblütenanteils erforderlich machen kann. QUID-Angaben sind aber nicht notwendig, wenn die erwähnte Zutat nur in geringer Menge als Geschmacksgeber eingesetzt wurde, zum Beispiel bei Zimtsternen, Lavendelzucker oder Vanillekipferln. Ebenfalls ausgenommen von einer QUID-Angabe sind Zutaten, bei denen auf dem Behältnis das Abtropfgewicht angegeben ist. Also etwa bei „Oliven in Öl", „Kapern in Lake" oder „Gurken in Essig".

Ausnahmen vor allem beim Alkohol
Einige Lebensmittel benötigen kein Zutatenverzeichnis. Dazu zählen zunächst einmal Produkte, die nur eine Zutat enthalten, also beispielsweise ein Gewürzstreuer mit Thymian oder ein Päckchen Sonnenblumenkerne. Das Gleiche gilt für frisches Obst und Gemüse. Auch sehr kleine Verpackungen (Fläche kleiner als 10 cm^2), wie etwa portionierte Butter, Konfitüre oder Warenproben, sind vom Zutatenverzeichnis befreit.

Eine weitere wichtige Ausnahme sind Getränke mit einem Alkoholgehalt von über 1,2 Volumenprozent. Bei einem Kräuterschnaps oder Kräuterlikör müssen Sie demnach kein Zutatenverzeichnis aufführen. Das Einzige, was Sie auch bei alkoholischen Getränken immer als Zutat angeben müssen, sind Bestandteile mit einer möglichen allergenen Wirkung (z. B. Schwefel im Wein oder Eier im Eierlikör). Von dieser Regelung ausgeschlossen ist lediglich Bier. Dort ist ein Zutatenverzeichnis stets erforderlich.

Bei allen alkoholischen Getränken muss allerdings der Alkoholgehalt mit der Voranstellung des Symbols „alc. ... % vol" oder „Alkohol ... % vol" angegeben werden. Die Angabe muss sich im selben Sichtfeld wie Verkehrsbezeichnung und Füllmenge befinden. Auf die Alkoholgehaltsangabe wird bei Kontrollen sehr viel Wert gelegt! Dabei werden Abweichungen von plus/minus 0,3 % vol toleriert, bei Getränken mit eingelegten Früchten liegt die Toleranzgrenze sogar bei plus/minus 1,5 % vol. Der Alkoholgehalt muss mit einem amtlich geeichten Euro-Alkoholmeter bestimmt werden. Bei zuckerhaltigen Produkten (z. B. Likören) kann der Alkoholgehalt wegen des Einflusses des Zuckers auf die Dichte nicht mehr mit dem Alkoholmeter bestimmt werden. In diesem Fall sollten Sie die Bestimmung von einem Fachlabor durchführen lassen. Die Kosten dafür liegen bei 15–30 Euro.

Bei alkoholischen Getränken sollten Sie beachten, dass es vorgeschriebene Mindestalkoholgehalte gibt, so muss ein Likör mindestens 15 % vol enthalten (eine Ausnahme bildet der Eierlikör mit mindestens 14 % vol). Als Likör darf man übrigens nur Spirituosen mit einem

Zuckergehalt von mindestens 100 g je Liter vermarkten. Außerdem dürfen Spirituosen nur mit bestimmten Füllmengen angeboten werden: 0,02; 0,03; 0,04; 0,05; 0,1; 0,2; 0,35; 0,5; 0,7; 1; 1,5 Liter. Zudem gibt es Vorschriften über die Schriftgröße (abhängig von der Flaschengröße). Gesundheitsbezogene Angaben (siehe Seite 68) sind auf alkoholischen Getränken grundsätzlich verboten.

Mindesthaltbarkeit und Verbrauchsdatum

Sie sind verpflichtet, ein Mindesthaltbarkeitsdatum (MHD) auf der Verpackung anzugeben. Und zwar mit der Formulierung „mindestens haltbar bis ...", unter der Angabe von Tag, Monat und Jahr. Die Angabe von Tag, Monat und Jahr kann auch an anderer Stelle erfolgen; dann müsste es heißen: „mindestens haltbar bis: siehe Deckelrand/siehe Packungsunterseite/usw." Dabei müssen Sie gewährleisten, dass das ungeöffnete Erzeugnis bei angemessener Aufbewahrung bis zu dem genannten Datum seine charakteristischen Eigenschaften wie Geruch, Geschmack und Farbe behält. Das Mindesthaltbarkeitsdatum gilt nur für ungeöffnete Verpackungen. Sie müssen es in eigener Verantwortung festlegen. Gesetzliche Vorgaben gibt es mit wenigen Ausnahmen (etwa für Eier) nicht. Um das MHD ihrer Produkte festzulegen, ist es sinnvoll, eine Testreihe durchzuführen und Erfahrungswerte zu sammeln. Sie können sich auch an ähnlichen Handelsprodukten auf dem Markt orientieren. Bei getrockneten Kräutern (Tee, Gewürze) werden in der Regel 18–36 Monate Haltbarkeit angegeben. Das Mindesthaltbarkeitsdatum ist übrigens kein Verfallsdatum oder letztes Verbrauchsdatum. Das Produkt darf auch nach Ablauf noch verkauft werden, wenn der Verkäufer es auf Verkehrsfähigkeit überprüft hat.

Welche Datumsangaben erforderlich sind, hängt von der Haltbarkeitsdauer ab:

Datumsangaben je nach Haltbarkeitsdauer		
Haltbarkeit	**Beispiel Datumsangabe**	**Beispiel Lebensmittel**
Bis 3 Monate	Mindestens haltbar bis 15.05.2016.	Milchprodukte
3 bis 18 Monate	Mindestens haltbar bis Ende Oktober 2016.	Pesto, Eiernudeln, Nüsse
Länger als 18 Monate	Mindestens haltbar bis Ende 2017.	Konfitüre, Kräutersalz, Kräuteressig

Ist die Haltbarkeit eines Lebensmittels nur bei bestimmen Temperaturen oder sonstigen Lagerbedingungen gewährleistet, müssen diese in Verbindung mit dem MHD angegeben werden. Beispiele: „Kühl und trocken lagern / Vor Wärme geschützt lagern / Vor Licht geschützt lagern / Bei 4–8 Grad mindestens haltbar bis ...".

Auch bei der Mindesthaltbarkeit gibt es Ausnahmen: Kein MHD benötigen alkoholische Getränke (Kräuterwein, Kräuterschnaps, Kräuterlikör), wenn der Alkoholgehalt 10 % vol übersteigt. Ebenfalls kein MHD benötigen frisches Obst und Gemüse, frische Backwaren sowie Essig, Kaugummi, Zucker und Salz (gilt nicht für Kräutersalz und jodiertes Salz).

Kräuteressig
Laut Essigverordnung enthält Essig mindestens 5 g und höchstens 15,5 g Säure pro 100 ml. Der Säuregehalt wird mit den Worten „.... % Säure" angegeben. Bei selbst hergestellten Essigen müssen Sie also zunächst den Säuregehalt bestimmen, denn vor allem bei Obst- und Apfelessig kann es vorkommen, dass er unter den gesetzlich geforderten 5 % liegt. Dann darf er nicht mehr als Essig deklariert werden. Die meisten käuflichen Essige haben Säurewerte von 5–8 %. Weinessig muss mindestens 6 % Säure enthalten. Für aromatisierte Kräuter- oder Gewürzessige eignet sich am besten echter Weinessig, weil er säurereicher ist als Obstessig und sehr gut Fremdaromen aufnimmt. Die billigen Säure- und Branntweinessige eignen sich nicht für ein hochwertiges Endprodukt. Nur ein echter Gärungsessig darf auch als Essig gekennzeichnet werden. Essige aus Essigsäure oder aus Essigessenz müssen entsprechend deklariert werden. Bei Essig, dem keine Zutaten beigefügt sind, erübrigt sich das Zutatenverzeichnis. Auch ist bei Essigen kein Mindesthaltbarkeitsdatum erforderlich.

Sehr leicht verderbliche Lebensmittel, wie Rohmilch, Geflügel oder Hackfleisch, müssen anstatt des MHDs mit einem Verbrauchsdatum versehen werden. Nach Ablauf dürfen sie nicht mehr verkauft werden. Die vorgeschriebene Formulierung lautet „zu verbrauchen bis ...".

> **Tipps zur Kräuteressigproduktion**
> Hochwertige Kräuteressige sollten möglichst aus frischen Kräutern hergestellt werden. Dazu nehmen Sie etwa 100 g grob zerkleinerte Kräuter und lassen sie etwa 2 Wochen lang in 1 Liter Essig ausziehen. Manche Rezepturen verwenden heißen Essig zum Übergießen der Kräuter, damit die Aromen schneller freigesetzt werden und der Essig länger haltbar bleibt. Allerdings werden beim Erhitzen wertvolle Enzyme und Geschmacksstoffe zerstört. Bei Essigen ohne Pasteurisierung kann es nach dem Öffnen durch Sauerstoffzufuhr zur Bildung von Essigmutter kommen, einer schlierenförmigen Ansammlung von Essigsäurebakterien. Dies hat keinen negativen Einfluss auf die Qualität des Essigs, im Gegenteil ist es ein Zeichen seiner Natürlichkeit. Allerdings ist es sinnvoll, dem Verbraucher solche Informationen auf dem Etikett mitzuteilen, denn oftmals werden die Schlieren als Schlechtwerden des Essigs interpretiert.
> Für die Kräuteressigherstellung eignen sich alle aromatischen Kräuter, aber auch Gewürze wie Muskat, Chili, Pfeffer, Knoblauch und Zitronenschale. Sehr gut harmoniert Essig mit Obst wie Erdbeeren, Himbeeren, Heidelbeeren und Kirschen oder mit Blüten wie Lavendel, Rose und Holunder. Oftmals wird Essig mit Sirup oder Zucker gesüßt, was ihm eine sehr angenehme Note verleiht. Bei zu viel Süße durch Obst oder Sirup besteht jedoch die Gefahr, dass der Essig zu gären beginnt, weshalb Sie ihn in diesem Fall vor der Abfüllung pasteurisieren sollten.
> Setzen Sie bei Ihren Kreationen nicht auf zu viele Inhaltsstoffe, sondern kombinieren Sie geschickt wenige Zutaten und vergeben Sie fantasievolle Namen, beispielsweise „Rosmarin küsst Heidelbeere" oder „Estragon liebt Himbeere".

Füllmenge: Wie viel kommt rein in die Verpackung?

Die Nettofüllmenge informiert über Gewicht, Volumen oder Stückzahl des Inhalts. Bei festen Lebensmitteln erfolgt die Mengenangabe in Gramm oder Kilogramm. Auch die Mengen von Honig, Sirup und Milcherzeugnissen werden, obwohl nicht fest, in Gramm angegeben. Bei flüssigen Lebensmitteln sowie bei Senf, Speiseeis und Feinkostsoßen sind die Maßeinheiten Liter oder Milliliter vorgeschrieben. In manchen Fällen darf auf der Verpackung auch die Stückzahl angegeben werden. Bei den Gewürzen sind das beispielsweise Vanilleschoten, Zimtstangen oder Muskatnüsse.

Einige besonders leichte Produkte sind von der Kennzeichnungspflicht befreit: Zubereitungen aus Meerrettich oder Senf mit einem Inhalt von weniger als 25 g oder ml sowie Zuckerwaren und Knabbererzeugnisse, die weniger als 50 g wiegen.

Alle Anforderungen bezüglich der Füllmenge sind in der Fertigpackverordnung festgelegt. Auch die zulässigen Minusabweichungen sind hier festgehalten (§ 22 Absatz 3). Bei einer Füllmenge von 100 g beträgt die zulässige Minusabweichung beispielsweise 4,5 g. Es gilt das Mittelwertprinzip, das heißt, die Nennfüllmenge muss im Schnitt eingehalten werden. Grundsätzlich ist es aber sinnvoll, ein wenig mehr als die Nennfüllmenge einzufüllen, da manche Lebensmittel während der Lagerung an Gewicht verlieren können.

Sondervorschriften gibt es für konzentrierte Produkte, wie Suppen und Soßen. Hier muss angegeben werden, wie viel Liter oder Milliliter das fertig zubereitete Produkt ergibt. Bei Puddingpulver und Trockenerzeugnissen (z. B. Püree) müssen Sie die Flüssigkeitsmenge vermerken, die zur Zubereitung der Füllmenge erforderlich ist. Und bei Backpulver und Hefe muss man angegeben, für welche Mehlmenge die Packung reicht.

Für Lebensmittel, die in einer Aufgussflüssigkeit (Wasser, Essig, Öl, Zuckerlösung, Saft) angeboten werden, müssen Sie zusätzlich zur Gesamtfüllmenge auch das Abtropfgewicht angeben. Das Abtropfgewicht ist das Gewicht des Lebensmittels nach Abgießen der Aufgussflüssigkeit. Es muss in unmittelbarer Nähe zur Füllmengenangabe aufgeführt werden, zum Beispiel in der Form: „Füllmenge: 450 g, Abtropfgewicht: 200 g". In der Fertigpackverordnung (§ 20) ist auch die Mindestschriftgröße für die Füllmengenangabe vorgeschrieben:

Mindestschriftgrößen für die Füllmengenangabe	
Füllmenge in g oder ml	**Schriftgröße in mm**
Bis 50	2
50 bis 200	3
200 bis 1000	4
Mehr als 1000	6

Preisangabe: Der Endpreis allein genügt nicht

Mit der Preisauszeichnung der Waren setzt sich die Preisangabeverordnung auseinander. Wer Waren anbietet, muss einen Endpreis angeben. Dieser sagt aus, was das Lebensmittel kostet. Im Endpreis ist auch die Umsatzsteuer enthalten. Eventuell anfallende Liefer- und Versandkosten sind ebenfalls anzugeben. Der Endpreis muss auf dem Produkt ausgezeichnet sein oder auf einem Schild nahe der Ware stehen. Neben dem Endpreis müssen Sie bei verpackter Ware auch den Grundpreis angeben, das heißt den Preis pro Mengeneinheit, also pro Kilogramm oder Liter, bei leichteren Produkten auch pro 100 g oder 100 ml. Der Grundpreis muss beim Endpreis platziert werden. Beispiel: 60 g Kräutersalz, Endpreis € 1,40 / Grundpreis 100 g € 2,33.

In bestimmten Fällen kann jedoch auf die Grundpreisangabe verzichtet werden, etwa bei kleinen Hofläden und Einzelhandelsgeschäften, in denen die Warenabgabe überwiegend durch Bedienung erfolgt. Die Behörden haben auch Richtwerte, was nun eigentlich ein kleines Einzelhandelsgeschäft ist: Einige Bundesländer setzen die maximale Verkaufsfläche bei 100 m^2 an, manche sogar bei 200 m^2.

Herstellerangabe: Wer vermarktet das Produkt?

Auf der Verpackung müssen Name oder Firma und Anschrift des Lebensmittelunternehmers angegeben werden. Bei Fantasienamen wie „Kornblume" muss der Name des Inhabers ebenfalls genannt werden. Nur Kapitalgesellschaften können mit dem Firmennamen kennzeichnen. Bei der Anschrift genügt die Ortsangabe mit Postleitzahl. Die postalische Erreichbarkeit muss allerdings gewährleistet sein. Es ist aber in der Regel sinnvoll, wenn Sie möglichst viele Informationen über sich als Lebensmittelunternehmer auf dem Etikett nennen, also auch Straße, Telefon, Mailadresse und Website. Lediglich kleine Portionspackungen, zum Beispiel für Konfitüre oder Warenproben (Fläche kleiner als 10 cm^2), benötigen keine Herstellerangabe.

Loskennzeichnung – wichtig bei Reklamationen

Die Loskennzeichnungsverordnung schreibt die Losangabe für Fertigverpackungen vor. Die Losnummer oder Chargennummer umfasst eine bestimmte Menge eines Lebensmittels, die unter gleichen Bedingungen erzeugt, hergestellt und verpackt wurde. In der Praxis heißt das: Sie mischen an einem bestimmten Tag eine Kräuterteemischung nach festgelegtem Rezept und füllen damit 200 Päckchen. Diese bekommen dann eine gemeinsame Losnummer. Sie können die Losgröße auch ausdehnen, zum Beispiel auf die innerhalb einer Woche produzierte Päckchenzahl. Allerdings ist das nur möglich, wenn die Mischung aus den gleichen Grundstoffen besteht, die Teezutaten also vom gleichen Produzenten und aus dem gleichen Behälter oder Sack stammen. Die Losnummer können Sie selbst entwickeln aus einer Buchstaben-, einer Ziffern- oder einer Buchstaben-Ziffern-Kombination. Zur besseren Erkennbarkeit wird der Buchstabe L vorangestellt. Eine Losnummer könnte also beispielsweise lauten: L-BZ-16-2309 (= Teemischung **B**lüten-**Z**auber, abgepackt am 23.09.2016)

Die Loskennzeichnung hat den Zweck, dass eine Warenpartie bis zum Erzeuger zurückverfolgt werden kann. Dies ist nötig, falls eine gesamte Produktionseinheit aufgrund eines Fehlers oder einer Reklamation aus dem Verkehr gezogen werden muss (Rückrufaktion).

Eine Loskennzeichnung ist nicht erforderlich bei Lebensmitteln, die lose abgegeben werden, und auch nicht bei sehr kleinen Verpackungen. Sie entfällt ebenfalls, wenn Mindesthaltbarkeits- oder Verbrauchsdatum mit Tag, Monat und Jahr angegeben sind. Kleine Betriebe könnten diese Regelung ersatzweise für die Losangabe nutzen. Der Gesetzgeber geht davon aus, dass bei dieser Lösung jedes Los (Abfüllung) ein eigenes Datum erhält und dadurch die Rückverfolgbarkeit gewährleistet ist. Eine weitere Ausnahme sind Agrarerzeugnisse, die unmittelbar von einem landwirtschaftlichen Betrieb vermarktet werden (Direktvermarktung).

Der EAN-Code, der als Strichcode auf vielen Lebensmitteln zu finden ist, ist nicht vorgeschrieben. Er enthält Angaben über das Land, den Hersteller und die Artikelart. Seine Verwendung ist lizenzpflichtig.

Nährwertkennzeichnung: ab Dezember 2016 Pflicht

Die Nährwertkennzeichnung macht Angaben zur Nährstoffzusammensetzung sowie zum Brennwert (Energiegehalt) des Lebensmittels. Die meisten Lebensmittel haben diese Angaben schon jetzt, vor der verpflichtenden Einführung ab dem 13. Dezember 2016. Für manche davon ist die Nährwertkennzeichnung bereits heute zwingend erforderlich, und zwar für diätetische oder solche Lebensmittel, bei denen gesundheits- oder nährstoffbezogene Angaben gemacht werden wie zum Beispiel „fettarm", „kalorienarm" oder „ballaststoffreich".

Mit der neuen Lebensmittelinformationsverordnung Nr. 1169/2011 der EU (LMIV) werden sieben Pflichtangaben vorgeschrieben. Die

Pflichtkennzeichnung umfasst den Energiegehalt (kJ/kcal) sowie die jeweiligen Mengen der sechs Nährstoffe Fett, gesättigte Fettsäuren, Kohlenhydrate, Zucker, Eiweiß und Salz. Zusätzliche Angaben (z. B. Ballaststoffe, Mineralstoffe, Vitamine) sind selbstverständlich erlaubt. Falls sie besonders herausgehoben werden (z. B. „vitaminreich"), wird ihre Kennzeichnung sogar Pflicht. Die Kennzeichnung erfolgt in tabellarischer Form und weist die Angaben pro 100 g oder 100 ml aus.

Beispiel einer Nährwertkennzeichnung nach EU-Lebensmittelinformationsverordnung (LMIV)	
Nährwertangaben	**Je 100 g / 100 ml**
Energie (Brennwert)	1354 kJ / 320 kcal
Fett	5,5 g
davon gesättigte Fettsäuren	1,5 g
Kohlenhydrate	60,1 g
davon Zucker	26,3 g
Eiweiß	7,6 g
Salz	0,07 g

Die Nährwertangaben beruhen entweder auf einer Analyse des Herstellers oder wurden berechnet. Eine Berechnung basiert auf der Rezeptur des Produkts unter Zuhilfenahme der bekannten durchschnittlichen Werte aller verwendeten Zutaten. Es existieren von nahezu allen Lebensmitteln Nährwertanalysen und -tabellen, auf die man dabei zurückgreifen kann.

Die Pflicht der Nährwertdeklaration entfällt bei unverarbeiteten Erzeugnissen, die nur aus einer Zutat oder Zutatengruppe bestehen. Außerdem werden auch Lebensmittel ausgenommen, die handwerklich hergestellt und direkt in kleinen Mengen an den Endverbraucher oder an kleine Einzelhandelsgeschäfte abgegeben werden. Wie diese Formulierung letztendlich in die Praxis umgesetzt wird, muss abgewartet werden. Zu den Ausnahmen gehören auf jeden Fall Produkte aus der Direktvermarktung (Hofladen, Marktstand) und Erzeugnisse wie Kräuter, Gewürze, Kräutertee, Früchtetee, Tee, Kaffee, Honig, alkoholische Getränke, Mineralwässer, Salz und Essig.

# Rechtliche Grundlagen der Lebensmittelkennzeichnung

Was steht wo?

Häufig ist die Kennzeichnung aus Platzgründen auf verschiedenen Flächen der Verpackung verteilt. Es gibt aber Vorschriften, welche Pflichtangaben zusammen in einem Sichtfeld genannt werden müssen: Die Bezeichnung des Lebensmittels (Verkehrsbezeichnung), die Nettofüllmenge und der Alkoholgehalt. Bis 2014 war auch die Angabe der Mindesthaltbarkeit im gleichen Sichtfeld gefordert.

Noch mehr Kennzeichnungen

Neben der Pflichtkennzeichnung sind bei manchen Lebensmitteln noch zusätzliche Kennzeichnungen erforderlich, zum Beispiel wenn sie allergene Stoffe enthalten, gentechnisch verändert wurden oder es sich um Bioprodukte handelt. Außerdem gibt es viele produktspezifische Regelungen, etwa die vorgeschriebene Fettgehaltstufenangabe bei Käse und die Codierung von Eiern, die in speziellen Verordnungen festgelegt sind. Der Kasten auf Seite 62 enthält eine Aufstellung der verschiedenen Kennzeichnungen samt der zugehörigen Verordnungen. Weitere Ausführungen dazu finden sich in den folgenden Abschnitten.

Allergene Substanzen kennzeichnen!

Viele Menschen leiden unter Lebensmittelallergien, die oft schon durch geringe Mengen einer allergenen Substanz ausgelöst werden. Durch die Allergenkennzeichnung sollen die häufigsten Lebensmittelallergene für den Verbraucher gut sichtbar genannt werden, wenn sie in dem Lebensmittel als Zutat enthalten sind. Gekennzeichnet werden müssen auch Substanzen, die sich hinter Bezeichnungen wie „Lecithin" oder „pflanzliche Öle" verbergen. In diesem Fall muss noch einmal zusätzlich darauf hingewiesen werden: „Lecithin (aus Soja)" oder „pflanzliche Öle (aus Soja)" oder „Suppengewürz (mit Sellerie)". Die Allergene sind im Zutatenverzeichnis deutlich hervorzuheben. Wie dieser deutliche Hinweis auszusehen hat, ist nicht gesetzlich definiert und liegt somit im Ermessen des Herstellers. Sie haben die Möglichkeit, die allergene Zutat optisch hervorzuheben, etwa durch **Fettdruck**, GROSSBUCHSTABEN, eine andere Schriftart, <u>durch Unterstreichen</u> oder durch farbliche Unterlegung. Oder Sie setzen am Ende der Zutatenliste einen Vermerk: Allergiehinweis: enthält Senf.

> **Besondere Kennzeichnungsvorschriften** (falls erforderlich)
> - allergene Bestandteile (Artikel 21 LIMV)
> - Gebrauchsanweisung (Artikel 27 LIMV)
> - Ursprungsland (Artikel 26 LIMV)
> - produktspezifische Kennzeichnungen (z. B. Lebensmittel-Imitate, Tiefkühlkost, Käse)
> - Lebensmittel mit besonderen Inhaltsstoffen (z. B. Süßholz, Süßstoffe, Koffein)
> - gentechnisch veränderte Organismen (EU-Verordnung 1829/2003)
> - bestrahlte Lebensmittel (Lebensmittel-Bestrahlungsverordnung LMBestrV)
> - Bio-Kennzeichnung (EU-Öko-Verordnung 834/2007)
> - gesundheits- und nährwertbezogene Angaben (Health Claims) (Verordnung [EG] Nr. 1924/2006)

Viele Hersteller geben freiwillig noch die sogenannte Spurenkennzeichnung an („kann Spuren von ... enthalten"). Der Spurenhinweis bedeutet nicht, dass auch tatsächlich Spuren enthalten sind. Wenn in einem Betrieb allergene Lebensmittel verarbeitet werden, kann durch Feinstäube oder durch Spuren in Verarbeitungsmaschinen eine unbeabsichtigte Übertragung theoretisch möglich sein. Wenn also ein Schokoladenhersteller Haselnüsse und Erdnüsse verarbeitet, wird er vorsichtshalber auch Produkte mit dem Spurenhinweis kennzeichnen, die diese Zutaten definitiv nicht enthalten. Dieses Problem kann sich Ihnen auch als Direktvermarkter stellen, wenn Sie in Ihren Lager- oder Produktionsräumen gleichzeitig glutenhaltiges Getreide und Teekräuter lagern oder verarbeiten.

Allergene Substanzen müssen übrigens auch beim Verkauf loser Ware (Kuchen, belegte Brötchen) auf Vereins- oder Gemeindefesten gekennzeichnet werden, aber nur wenn sie entgeltlich angeboten werden. Ausgenommen ist nur „die gelegentliche Handhabung im kleinen Rahmen", also beispielsweise die Verpflegung von freiwilligen Helfern.

Rechtliche Grundlagen der Lebensmittelkennzeichnung 63

Folgende 14 Produktgruppen fallen unter die Allergenkennzeichnung und müssen im Zutatenverzeichnis ausdrücklich genannt werden:
- glutenhaltiges Getreide (Weizen, Gerste, Roggen, Hafer, Dinkel, Kamut)
- Krebstiere und daraus hergestellte Erzeugnisse
- Eier und daraus hergestellte Erzeugnisse
- Milch und daraus hergestellte Erzeugnisse (einschließlich Lactose)
- Fisch und daraus hergestellte Erzeugnisse
- Erdnüsse und daraus hergestellte Erzeugnisse
- Lupinen und daraus hergestellte Erzeugnisse
- Soja und daraus hergestellte Erzeugnisse
- Sesam und daraus hergestellte Erzeugnisse
- Sellerie und daraus hergestellte Erzeugnisse
- Senf und daraus hergestellte Erzeugnisse
- Weichtiere (Schnecken, Muscheln, Tintenfisch)
- Schalenfrüchte (Mandeln, Haselnüsse, Walnüsse, Cashewnüsse, Pecannüsse, Pistazien, Macadamianüsse, Queenslandnüsse)
- Schwefeldioxid und Sulfite ab 10 mg pro Kilogramm oder Liter.

Falls erforderlich: Anweisungen für Aufbewahrung und Gebrauch
Eine weitere neue Pflichtangabe sind die sogenannten Anweisungen (Artikel 25 und 27 Verordnung [EU] Nr. 1169/2011). Diese beinhalten, falls es das Lebensmittel erfordert, besondere Anweisungen für die Aufbewahrung oder den Gebrauch. Dies kann zum Beispiel der Hinweis sein: „Nach dem Öffnen innerhalb von 1 Woche zu verbrauchen." Außerdem ist eine Gebrauchsanleitung erforderlich, wenn der Käufer ohne sie das Lebensmittel nicht angemessen verwenden kann. In Österreich ist dies schon länger üblich. Dort ist beispielsweise bei Kräutertee die Gebrauchsanleitung „mit heißem Wasser überbrühen" vorgeschrieben.

Zum Vorbeugen gegen Täuschung: Angabe des Ursprungslandes
Die Angabe des Ursprungslandes oder des Herstellungsortes ist nur dann erforderlich, wenn ohne diese Angabe eine Irreführung des Verbrauchers möglich wäre, wenn also beispielsweise das Etikett oder beigefügte Informationen den Eindruck erwecken, das Lebensmittel komme aus einem anderen Land oder aus einer anderen Region. In diesem Fall muss der Verbraucher durch die Nennung des tatsächlichen Ursprungslandes oder Herkunftsortes aufgeklärt werden. Das Ursprungsland ist das Land, in dem die Ware oder zumindest ein

wesentlicher Teil davon hergestellt wird. Ein Beispiel: Eine „italienische Pizza mit Pilzen" wird zwar in Italien hergestellt, aber die in der Verkehrsbezeichnung als Zutat genannten Pilze kommen aus Polen. Es muss nun also die Information „Pilze aus Polen" oder „Pilze nicht aus Italien" auf dem Etikett stehen. Auch bei einer Teemischung, die mit dem Zusatz „mit Kräutern aus dem Schwarzwald" wirbt, wobei aber ein Teil der Kräuter aus einer anderen Region zugekauft wird, muss man unbedingt auf diesen Sachverhalt hinweisen.

Als Irreführung gilt beispielsweise auch, wenn durch die grafische Aufmachung und Gestaltung des Produkts (Landesfarben, Trachten, landestypische Denkmäler) der Eindruck erweckt wird, das Produkt würde aus dem dargestellten Land kommen: Nicht jede Pizza kommt aus Italien und nicht jeder Feta aus Griechenland. Deshalb muss auch in diesem Fall das tatsächliche Herstellungsland (z. B. „hergestellt in Deutschland") angegeben werden.

Neben der Verhinderung von Täuschung regelt Artikel 26 EU-Verordnung Nr. 1169/2011 (LMIV) auch die grundsätzlich verpflichtende Herkunftskennzeichnung bei Fleisch. Betroffen ist frisches, gekühltes oder gefrorenes Fleisch von Rind, Geflügel, Schwein, Schaf und Ziege. Verpflichtend ist die Angabe des Landes, in dem die Aufzucht (Mästung) stattfand, und des Landes, in dem das Tier geschlachtet wurde. Die EU-Kommission wird in naher Zukunft entscheiden, ob die Angabe des Herkunftsortes auch bei anderen Lebensmitteln wie Milch und Milchprodukten erforderlich ist.

Produktspezifische Kennzeichnungen
Es gibt sehr viele Kennzeichnungsvorschriften, die sich nur auf bestimmte Lebensmittelgruppen wie Fleisch oder Eier beziehen. So ist es beispielsweise verpflichtend, bei tiefgekühlten Fleisch- und Fischerzeugnissen das Einfrierdatum aufzudrucken. Außerdem gibt es das Identitäts- und Genusstauglichkeitskennzeichen, das für alle Lebensmittel tierischen Ursprungs gilt, also auch für Eier, Milch und Milchprodukte. Mithilfe der Zahlen und Buchstaben in dem ovalen Zeichen, das ein bisschen an ein Autokennzeichen erinnert, kann man herausfinden, wo das Produkt zuletzt bearbeitet und verpackt wurde. Betriebe, die das Zeichen vergeben, bekommen dafür aber erst die Zulassung, wenn sie nachgewiesen haben, dass sie die besonderen Anforderungen des Hygienerechts erfüllen.

Da es sich bei den oben genannten Lebensmittelgruppen nicht um Kräuterprodukte handelt, soll hier nicht auf Details eingegangen werden. Das gilt auch für die zahlreichen Formulierungsvorschriften bezüglich bestimmter Lebensmittelzusätze, wie Koffein, Süßstoffe und Nanomaterialien, oder bezüglich Lebensmittel-Imitaten. Lediglich eine Pflichtkennzeichnung für eine bestimmte Kräuterpflanze soll hier näher besprochen werden. Es handelt sich um Süßholz. Bei hohem Blutdruck soll der übermäßige Verzehr von süßholzhaltigen Produkten vermieden werden. Meist wird der Stoff bei Süßwaren und Tee eingesetzt. Genutzt wird entweder die Wurzel oder die daraus gewonnene Glycyrrhizinsäure oder deren Ammoniumsalz. Beträgt die Konzentration im Produkt mindestens 100 mg pro Kilogramm (oder 10 mg pro Liter) ist der Hinweis „enthält Süßholz" der Zutatenliste unmittelbar nachzustellen. Beträgt die Konzentration mindestens 4 g pro Kilogramm (oder 50 mg pro Liter) ist folgende Kennzeichnung verpflichtend: „Enthält Süßholz – bei hohem Blutdruck sollte ein übermäßiger Verzehr dieses Erzeugnisses vermieden werden."

Gentechnisch veränderte Organismen
Die Gentechnik hat sich in der europäischen Landwirtschaft eine Nische erstritten, trotz der kritischen Distanz der meisten Verbraucher. Bei Produkten des ökologischen Landbaus ist der bewusste Einsatz von Gentechnik gesetzlich verboten.

Lebensmittel, die aus gentechnisch veränderten Organismen bestehen oder sie enthalten, müssen nach der EU-Verordnung 1830/2003 gekennzeichnet werden. Das betrifft auch Saatgut von gentechnisch veränderten Pflanzen. Die Kennzeichnung wird mit folgenden Formulierungen vorgenommen: „enthält gentechnisch verändertes ..." oder „genetisch verändert" oder „aus genetisch verändertem ... hergestellt". Die Kennzeichnung erfolgt in oder bei der Zutatenliste oder, wenn es eine solche nicht gibt, gut sichtbar auf dem Etikett.

Von der Kennzeichnung sind allerdings Produkte ausgenommen, die von Tieren stammen, welche gentechnisch veränderte Futtermittel erhielten. Ebenfalls nicht gekennzeichnet werden müssen Lebensmittel, die mithilfe gentechnisch veränderter Mikroorganismen (z. B. Enzymen) hergestellt wurden, aber nur dann, wenn im Lebensmittel keine Bestandteile dieser Mikroorganismen zurückbleiben. Ein Beispiel wäre das Enzym Chymosin, das zur Dicklegung von Milch verwendet wird. Zufällige Spuren von gentechnisch veränderten Organismen müssen nur dann gekennzeichnet werden, wenn sie mehr als 0,9 % des Lebensmittels oder der betroffenen Zutat ausmachen.

Man kann mit dem Siegel „ohne Gentechnik" werben, allerdings nur mit einer Lizenz (www.ohnegentechnik.de). Diese Lizenz kann jeder beantragen, der Lebensmittel in Verkehr bringt. Er muss über einen

Fragebogen und verschiedene Dokumente glaubhaft darlegen, dass die Produkte die gesetzlichen Vorgaben erfüllen.

Bestrahlte Lebensmittel
Der Zweck der Lebensmittelbestrahlung ist in erster Linie das Abtöten von unerwünschten Mikroorganismen. Außerdem wird dadurch die Keimung unterbrochen, sodass etwa Zwiebeln und Knoblauch im Lager nicht austreiben. Bei ökologisch angebauten Lebensmitteln ist Bestrahlung nicht erlaubt. Die Weltgesundheitsorganisation hält die Bestrahlung allerdings für unbedenklich. In anderen EU-Ländern werden viele Lebensmittelgruppen (Hülsenfrüchte, Getreide, Geflügel) bestrahlt. In Deutschland dürfen sie allerdings nur mit einer Ausnahmegenehmigung verkauft werden. Lediglich die Bestrahlung und der Verkauf von getrockneten aromatischen Kräutern und Gewürzen mit einer maximalen Dosis von 10 Kilogray ist in Deutschland ohne Genehmigung erlaubt. Gerade Kräuter und Gewürze sind aufgrund mangelhafter Hygiene in den Produktionsländern oft stark verkeimt. Ein Grund mehr, um diese Produkte ökologisch und möglichst regional und unter guten Herstellungsbedingungen zu produzieren.

Bestrahlte Lebensmittel müssen gekennzeichnet werden. Die korrekte Deklaration lautet „bestrahlt" oder „mit ionisierenden Strahlen behandelt". Dies gilt sowohl für bestrahlte Erzeugnisse als auch für Produkte, in denen sie als Zutaten enthalten sind, unabhängig von der Menge dieser Zutat im Endprodukt, etwa bei bestrahlten Kräuter im Kräuterkäse oder bestrahltem Pfeffer in einer Gewürzmischung.

Bio-Kennzeichnung
Wo Öko draufsteht muss auch Öko drin sein. Deshalb dürfen Lebensmittel nur dann mit Hinweisen auf den ökologischen oder biologischen Landbau gekennzeichnet werden, wenn sie nach den Vorgaben der EU-Öko-Verordnung 834/2007 erzeugt wurden. Voraussetzung ist zum einen die Meldung und Registrierung bei der für das jeweilige Bundesland zuständigen Kontrollbehörde (z. B. in Baden-Württemberg beim Regierungspräsidium). Zum anderen muss der Betrieb durch eine anerkannte Öko-Kontrollstelle kontrolliert werden. Die Kontrollstelle können Sie sich selbst aussuchen; es gibt in Deutschland etwa 20 davon. Der Betrieb wird dann mindestens einmal jährlich vor Ort inspiziert. Ferner können unangekündigte Kontrollen durchgeführt werden. Auf den Etiketten wird die Codenummer der Kontrollstelle vermerkt. So steht z. B. der Code DE-Öko-001 für die Kontrollstelle BCS Öko-Garantie GmbH. Der Code wird unter dem EU-Öko-Siegel platziert.

Das Kontrollsystem schließt alle Verarbeitungsstufen ein. So werden zum Beispiel bei der Brotherstellung der getreideanbauende Landwirt, die mehlproduzierende Getreidemühle und der brotbackende Bäcker kontrolliert. Sie können also beispielsweise nicht sagen: „Ich kaufe alle Zutaten mit Öko-Siegel im Bio-Großhandel und fertige daraus dann einen Bio-Brotaufstrich, den ich als Öko-Produkt vermarkte." Auch in diesem Fall müssen Sie Ihren Betrieb kontrollieren lassen, um die Begriffe „biologisch (Bio)" oder „ökologisch (Öko)" auf der Verpackung oder auf Prospekten nutzen zu können. Von der Kontrollpflicht ausgeschlossen ist lediglich der stationäre Lebensmitteleinzelhandel.

Die Vorschriften betreffen nicht nur die Arbeit auf dem Feld (Düngemittel, Pflanzenschutzmittel) und im Stall (Futtermittel), sondern ebenso die Lebensmittelverarbeitung (Farbstoffe, Konservierungsstoffe, Aromastoffe). Auch Gentechnik und Bestrahlung sind bei Bio-Lebensmitteln verboten.

Bei Mischprodukten müssen mindestens 95 % der Zutaten aus biologischem Landbau stammen, dann darf das Produkt ökologisch genannt werden. Im Zutatenverzeichnis müssen dann die ökologischen Zutaten gekennzeichnet werden. Bei Mischprodukten, die weniger als 95 % Öko-Zutaten enthalten, darf in der Zutatenliste (z. B. durch einen Stern) auf die ökologische Erzeugung hingewiesen werden. Das EU-Ökosiegel darf man in diesem Fall jedoch nicht verwenden. Stammen die Lebensmittel aus landwirtschaftlichen Betrieben, die erst auf Öko-Landbau umstellen, darf ebenfalls nicht mit dem Siegel geworben werden. Erst nach zwei Umstellungsjahren und erfolgreicher Zertifizierung kann man die Produkte als Bio-Ware verkaufen.

Jede Kennzeichnung und Werbung, die dem Kunden den Eindruck einer ökologischen Produktion vermittelt, fällt unter die Verordnung. Es sind also nicht nur die Begriffe „ökologisch" und „biologisch" geschützt. Deshalb sollte man als nicht kontrollierter Betrieb vorsichtig sein mit Aussagen wie: „ohne Spritzmittel" oder „aus umweltschonendem Anbau".

Das EU-Bio-Logo
Für alle Bioprodukte besteht eine Kennzeichnungspflicht mit dem EU-Bio-Logo: ein stilisiertes Blatt, geformt aus 12 Sternen. Darüber hinaus können freiwillig nach wie vor das sechseckige deutsche Bio-Siegel sowie die verschiedenen privaten Verbandszeichen der Öko-Anbauverbände (z. B. Demeter, Bioland) genutzt werden. Die privaten Verbände haben teilweise noch strengere Anforderungen. Das EU-Pflichtlogo müssen Sie ergänzen durch eine Herkunftsangabe direkt unter dem

Logo: „Deutsche Landwirtschaft", „EU-Landwirtschaft", „Nicht-EU-Landwirtschaft" und bei Mischprodukten „EU-/Nicht-EU-Landwirtschaft". Wird das Produkt zu 98 % in einem anderen Land biologisch produziert, sind auch Angaben wie „Italienische Landwirtschaft" möglich.

Das EU-Bio-Logo ist in der EU für zertifizierte Produkte Pflicht.

Bei einer Umstellung auf biologische Produktion sind viele Dinge zu bedenken und zu beachten, sodass es sinnvoll ist, eine Beratung in Anspruch zu nehmen. Umstellungsberatungen werden von privaten Anbietern und Anbauverbänden angeboten. In der Regel werden sie finanziell gefördert.

Eine Besonderheit stellt die ökologische Wildsammlung dar, die vor allem Wildkräuter und Wildobst betrifft. Wildsammlung bedeutet das Sammeln von Wildpflanzen und ihren Teilen in der freien Natur, in Wäldern oder auf landwirtschaftlichen Flächen. Die Erhaltung der Arten darf dabei nicht beeinträchtigt werden. Die Wildsammlung muss von einer Öko-Kontrollstelle zertifiziert werden, wenn sie als ökologische Wildsammlung deklariert werden soll. Die Flächen müssen dann drei Jahre lang unbehandelt sein. Es darf nur in klar definierten Sammelgebieten gesammelt werden, und eine Sammeldokumentation ist nötig.

Health Claims – Werbung mit Gesundheit

Lebensmittelhersteller dürfen seit 2012 mit gesundheitsbezogenen Aussagen für ihr Produkt werben. Für die sogenannten Nahrungsergänzungsmittel, die ebenfalls zu den Lebensmitteln gerechnet werden, nutzt man häufig diese Möglichkeit.

Angesichts der Tatsache, dass Kräuter ein besonderes Gesundheitsimage haben, könnten Sie auf den Gedanken kommen, diese Möglichkeit zu nutzen. Allerdings müssen die Angaben wahr und zutreffend sein. Um eine Täuschung des Verbrauchers durch falsche oder irreführende Angaben zu verhindern, hat der Gesetzgeber hohe Hürden gesetzt. Geregelt wird die Kennzeichnung durch die Health-Claims-Verordnung (EG 1924/2006). „Health Claims" heißt übersetzt „Gesundheitsbehauptungen".

Durch die Verordnung unterliegen alle nährwert- und gesundheitsbezogenen Angaben detaillierten Anforderungen. Es werden drei Felder bearbeitet: nährwertbezogene Angaben, gesundheitsbezogene Angaben und Nährwertprofile.

Die **nährwertbezogenen Angaben**, wie beispielsweise „zuckerfrei", „fettarm", „reich an Vitamin C" oder „ballaststoffreich", dürfen nur verwendet werden, wenn die im Anhang der Verordnung festgelegten Anforderungen erfüllt sind. So darf mit „zuckerarm" nur geworben werden, wenn im Produkt nicht mehr als 5 g Zucker pro 100 g enthalten sind.

Die **gesundheitsbezogenen Angaben**, wie zum Beispiel „stärkt die Abwehrkräfte", „wirkt cholesterinsenkend", „unterstützt die Gelenkfunktionen" oder „trägt zu einer normalen Darmfunktion bei", sind nur zulässig, wenn sie erfolgreich ein strenges Zulassungsverfahren durchlaufen haben. Wenn die Behauptung durch wissenschaftliche Erkenntnisse und Studien belegt ist, dann wird sie in die sogenannte „Artikel-13-Liste" aufgenommen. Es gilt das Verbotsprinzip: Was sich dort nicht findet, ist verboten!

In der „Artikel-13-Liste" oder „Gemeinschaftsliste" sind alle bisher zugelassenen Angaben (sogenannte Claims) im Wortlaut festgelegt, aber auch diejenigen, die beim Verfahren durchgefallen sind. Unter den nicht zugelassenen Claims finden sich viele Wirkaussagen von Nahrungsergänzungsmitteln, bei denen man häufig gesundheitsbezogene Angaben für Werbzwecke zu nutzen sucht. Die Liste ist noch im Aufbau, denn von den EU-Mitgliedsstaaten wurden 44 000 gesundheitsbezogene Angaben zusammengetragen, die alle von der EFSA (Europäischen Behörde für Lebensmittelsicherheit) wissenschaftlich bewertet werden müssen. Erst 222 Claims haben diese Hürde genommen. So wurden beispielsweise gesundheitsbezogene Angaben über Pflanzen und Pflanzenstoffe (Botanicals) aufgrund von Konflikten mit der Arzneimittelgesetzgebung vorerst zurückgestellt. Beispiele für beantragte Botanicals sind: „Salbei ist gut für die Verdauung" oder „Fenchel unterstützt die Verdauung" oder „Wermut ist appetitanregend". Die Gemeinschaftsliste kann online eingesehen werden unter ec.europa.eu/nuhclaims.

Mit der relativ neuen Gesetzeslage ist auch ein Kräuterhändler in Konflikt geraten. Er bewarb einen „Professor Schlau Tee" mit der Aussage „energiespendend, zum leichteren Lernen". Diese gesundheitsbezogene Angabe wurde abgemahnt, denn es gibt bezüglich der enthaltenen Kräuter keine entsprechende Wirkaussage in der Gemeinschaftsliste. Zulässig ist nur, was zugelassen wurde!

In Zukunft sollen auch **krankheitsbezogene Aussagen** (Risk Reduction Claims) möglich werden, zum Beispiel „schützt vor Herz- und Kreislauferkrankungen". Hierfür ist dann aber eine Einzelzulassung erforderlich. In Deutschland war dies bisher bei Lebensmitteln verboten. Ansprechpartner für entsprechende Anträge ist in Deutschland das Bundesamt für Verbraucherschutz und Lebensmittelsicherheit.

Die Health-Claims-Verordnung setzt sich auch mit dem Thema **Nährwertprofile** auseinander. Hierzu müssen viele Anforderungen jedoch erst noch festgelegt werden. Ziel ist dabei zu verhindern, dass ernährungsphysiologisch ungünstige Lebensmittel, die beispielsweise viel Fett oder Zucker enthalten, sich durch zugesetzte Vitamine („reich an Vitaminen") ein Gesundheitsimage erwerben. Bei solchen Produkten soll die Verwendung von nährwert- und gesundheitsbezogenen Angaben untersagt sein. So ist beispielsweise bei alkoholischen Getränken gesundheitsbezogene Werbung grundsätzlich verboten. Ein Bitterlikör darf also nicht mit „unterstützt die Verdauung" beworben werden.

Kennzeichnung unverpackter Ware

Viele frische Lebensmittel wie Brot, Wurst, Obst oder Gemüse werden unverpackt angeboten. Auch diese lose Ware unterliegt der Kennzeichnungspflicht. Allerdings sind die Anforderungen nicht so weitgehend wie bei verpackten Lebensmitteln, da man davon ausgeht, dass alle erwünschten Informationen beim Verkäufer nachgefragt werden können. Beispielsweise ist keine Haltbarkeitsangabe erforderlich. Von Verbraucherseite wird vor allem die Tatsache kritisiert, dass bei zusammengesetzten Lebensmitteln, wie Gebäck oder Wurst, keine Zutatenliste erforderlich ist. Lediglich bestimmte Zusatzstoffe müssen mittels eines Schildes an der Ware genannt werden.

Kräuterprodukte spielen bei unverpackten Lebensmitteln eher eine untergeordnete Rolle. Deshalb wird nicht so ausführlich auf diese Vermarktungsform eingegangen. Zu den losen Lebensmitteln im Bereich der Kräuter gehören beispielsweise Schnittkräuter (Bundware wie Basilikum), Topfkräuter (Küchenkräuter) und essbare Kräuterblüten. Sie werden lebensmittelrechtlich den Obst und Gemüseerzeugnissen zugeordnet. Nicht als Lebensmittel gelten allerdings Topfkräuter, die als Stauden, Zierpflanzen oder Zimmerpflanzen vermarktet werden. Deshalb unterliegen sie nicht dem reduzierten Mehrwertsteuersatz.

Kennzeichnung unverpackter Ware 71

Das Kennzeichnungsbeispiel Kräutertee soll die vorgeschriebenen Kennzeichnungselemente für fertig verpackte Lebensmittel nochmals grafisch zusammenfassen und verdeutlichen.

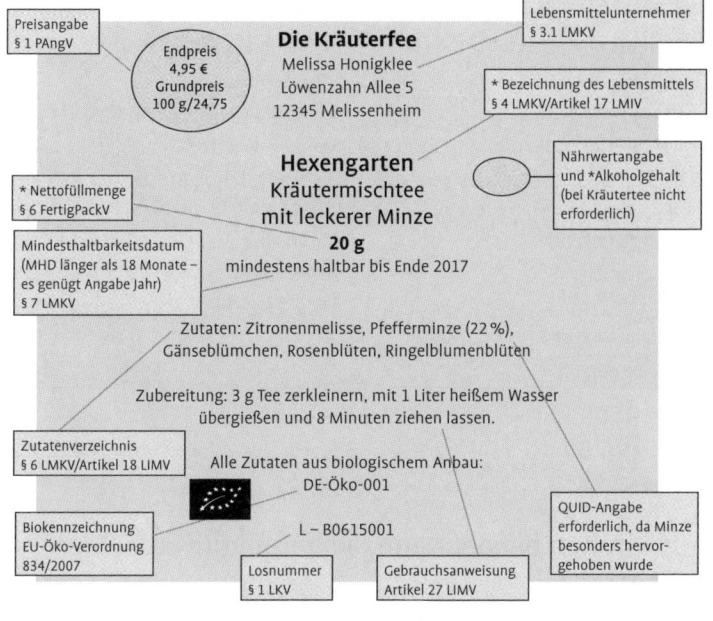

Alle Angaben sind unverwischbar, gut lesbar und deutlich sichtbar in deutscher Sprache mit einer Mindestschriftgröße von 1,2 mm bezogen auf die x-Höhe anzugeben.
Die mit * gekennzeichneten Angaben müssen gemeinsam auf einem Sichtfeld der Packung stehen.

Mindestangaben für verpackte und unverpackte Lebensmittel	
Verpackte Lebensmittel	**Unverpackte Lebensmittel**
Bezeichnung des Lebensmittels	Bezeichnung des Lebensmittels
Endpreis und Grundpreis	Grundpreis
Zutatenverzeichnis	Zusatzstoffe/Behandlungsverfahren
Allergen-Kennzeichnung (falls nötig)	Allergen-Kennzeichnung (falls nötig)
Lebensmittelunternehmer (Herstellerangabe)	Ursprungsland (nur Obst und Gemüse sowie unverarbeitetes Fleisch)
Mindesthaltbarkeit	Güteklasse (nur Obst/Gemüse)
Losnummer	Sortenname (nur bei Obst mit Vermarktungsnormen)
Nährwertangabe	
Mengenangabe	

Ausnahmen bei der Kennzeichnung unverpackter Lebensmittel

Eine Sonderstellung haben der direkte Ab-Hof- und der Ab-Feld-Verkauf von selbst erzeugten Obst- und Gemüseprodukten an den Verbraucher. Hier müssen keine Vorschriften bezüglich Kennzeichnung, Handelsklassengesetz und Vermarktungsnormen eingehalten werden. Lediglich die Grundpreisangabe nach Gewicht oder Stückzahl ist erforderlich! Auch für Eier gibt es diese Ausnahmeregelung. Handelt es sich bei der Ab-Hof-Vermarktung aber um zugekauftes Obst oder Gemüse, dann sind die für unverpackte Ware vorgeschriebenen Kennzeichnungen anzubringen.

Grundsätzlich müssen folgende Angaben auf einem Schild direkt auf oder neben der losen Ware gemacht werden, und zwar gut sichtbar in lesbarer, unverwischbarer Schrift:
Bezeichnung des Lebensmittels (Verkehrsbezeichnung): Die Angabe des Produktnamens ist bei lose angebotenem Obst und Gemüse zwar nicht zwingend vorgeschrieben, wird in der Regel aber trotzdem auf den Schildern vermerkt.

Ursprungsland: Die Herkunftsangabe ist vor allem bei Obst und Gemüse vorgeschrieben. Somit müssen auch Schnittkräuter und Töpfchen mit Küchenkräutern entsprechend deklariert werden. Bei einigen Produkten muss das Ursprungsland allerdings nicht deklariert werden (Kartoffeln, Pilze, Chillis, Bananen, Oliven, Zuckermais, Erdnüsse, Cashewnüsse, Kokosnüsse, Paranüsse und Datteln). Auch bei tierischen Lebensmitteln aus der Bedientheke ist eine Herkunftsangabe verpflichtend. Das gilt allerdings nur für unverarbeitetes Fleisch von Rind, Kalb, Schwein, Schaf, Geflügel und Ziege.

Grundpreisangabe: Pro Maßeinheit (Kilogramm, 100 Gramm oder Stück) wird der Preis auf dem Schild angegeben. Dies gilt allerdings nicht für kleine selbstständige Bäckereien.

Güteklassenangabe: Diese Kennzeichnung ist nur bei Obst und Gemüse erforderlich. Seit 2009 aber nur noch bei folgenden Obst- und Gemüsearten: Äpfel, Birnen, Erdbeeren, Gemüsepaprika, Kiwis, Pfirsiche, Nektarinen, Salate (nur Kopfsalat, Eissalat, Römischer Salat, Endivie und Eskariol), Tafeltrauben, Tomaten und Zitrusfrüchten (nur Orangen, Zitronen, Mandarinen). Die Güteklassen sind unterteilt in die Stufen Extra (höchste Qualität – fehlerfreie Ware), Klasse I (gute Qualität – leichte Fehler zulässig) und Klasse II (marktfähige Qualität – Ware darf Fehler haben). Die Güteklassen richten sich nach äußeren Schönheitsmerkmalen und nicht nach inneren Qualitätseigenschaften. Für alle anderen Obst- und Gemüsearten gilt die Güteklassenkennzeichnung nicht mehr. Trotzdem hat der Händler die Möglichkeit, weiterhin nach Klassen zu sortieren, und zwar nach den sogenannten UNECE-Normen der Vereinten Nationen. Diese entsprechen im Wesentlichen den bisherigen EU-Güteklassen. Sie sind abrufbar unter www.unece.org/trad/agr/standard. Diese freiwilligen Handelsnormen gibt es für 55 Erzeugnisse, nicht jedoch für Kräuter, weshalb hier keine Klassenangabe möglich ist.

Sortenname oder Fruchtfleischfarbe oder Größe: Diese Pflichtangaben beziehen sich auf Obstarten mit spezieller Vermarktungsnorm. Das trifft zum Beispiel auf Äpfel zu (Sortennamen wie Jonagold) oder auf Pfirsiche (Fleischfarbe weißfleischig). Die Vermarktungsnormen können bei der Bundesanstalt für Landwirtschaft und Ernährung (www.ble.de) online eingesehen werden.

Sowohl die Güteklassenangaben als auch die Angaben zu den speziellen Vermarktungsnormen müssen bei abgepacktem Obst und Gemüse zusätzlich zu den dort vorgeschriebenen Kennzeichnungen aufgeführt werden.

Zu kennzeichnende Zusatzstoffe und Behandlungsverfahren

Angabe an der Ware	Gefordert für folgende Zusatzstoffe (E-Nummern) oder Behandlungsverfahren
„mit Farbstoff" (z. B. bei Süßwaren)	E 100–E 180, inkl. Betacarotin und Riboflavin
„mit Konservierungsstoff" oder „konserviert" (z. B. bei Wurstwaren)	E 200–E 219, E 230–E 235, E 239, E 249–E 252, E 280–E 285, E 1105. Bei Zitrusfrüchten ist zusätzlich die Angabe „konserviert mit Thiabendazol" gefordert.
„mit Antioxidationsmittel" (z. B. bei Kaugummi)	E 310–E 321, E 586
„mit Geschmacksverstärker"	E 620–E 635
„mit Phosphat" (z. B. bei Wurst)	E 338–E 341, E 450–E 452. Phosphat als Stabilisator.
„geschwefelt" (z. B. bei Trockenfrüchten)	E 220–E 228. Die Deklaration muss erfolgen, wenn mehr als zehn Milligramm pro Kilogramm oder Liter enthalten sind (berechnet als Schwefeldioxid).
„gewachst" (z. B. bei Südfrüchten)	Natürliche oder synthetische Wachse, z. B. E 904, E 903, E 905) oder E 914
„mit Süßungsmittel(n)"	E 420, E 421, E 950, E 952, E 953, E 954, E 957, E 959, E 965–E 967. Bei Aspartam (E 951) zusätzlich: „enthält eine Phenylalaninquelle"; „kann bei übermäßigem Verzehr abführend wirken".
allergene Zutaten werden benannt: „mit ..." oder „enthält ..."	Siehe Liste auf Seite 63
„bestrahlt" oder „mit ionisierenden Strahlen behandelt"	Nur erlaubt bei Kräutern und Gewürzen (siehe Seite 66)
„Gentechnisch verändert" oder „aus gentechnisch verändertem ..."	Lebensmittel mit gentechnologisch veränderten Anteilen von mehr als 0,9 % (siehe Seite 65)

Zusatzstoffe und besondere Behandlungsverfahren: Im Gegensatz zu verpackten Lebensmitteln ist bei loser Ware eine knappere Kennzeichnung möglich. Die Zusatzstoffe müssen nicht exakt benannt werden. Es genügt der Hinweis auf dem Schild: „mit Farbstoff", „mit Konservierungsstoff" oder „nach der Ernte behandelt". Es müssen auch nicht alle Zusatzstoffe benannt werden, lediglich die in der nebenstehenden Tabelle aufgelisteten sind kennzeichnungspflichtig. Seit Dezember 2014 müssen auch alle allergenen Zutaten (siehe Seite 63) auf loser Ware angegeben werden. In Gaststätten werden die kennzeichnungspflichtigen Zutaten auf der Speisekarte in Form von Fußnoten aufgeführt.

Der Händler oder Verkäufer kann sich aber auch für eine ausführliche Kennzeichnung entscheiden. In diesem Fall müssen jedoch sämtliche Zusatzstoffe aufgelistet werden, und zwar mittels eines leicht zugänglichen Buches, einer Mappe oder eines Aushangs. Auf dieses ausführliche Verzeichnis muss dann bei den Lebensmitteln hingewiesen werden.

Biokennzeichnung: Falls auf biologischen Anbau hingewiesen wird, muss das Schild bei der Ware eine entsprechende Kennzeichnung tragen (siehe Seite 66).

Abgrenzung der Lebensmittel von Arzneimitteln und Novel Food

Zum Schluss dieses Kapitels soll noch einmal auf die Abgrenzung zwischen Lebensmitteln und Arzneimitteln eingegangen werden (siehe auch Seite 11). Aus gutem Grund, denn diese Abgrenzung birgt sehr viel Konfliktstoff: Zahlreiche Hersteller von Kräuterteemischungen sahen sich in den letzten Jahren mit Abmahnungen und Anzeigen konfrontiert. So wurde beispielsweise 2006 in einem aufsehenerregenden Fall in Brandenburg ein Landwirt angezeigt, weil er Birkenblätter, Frauenmantel, Spitzwegerich, Malvenblüten, Löwenzahnwurzeln, Echte Goldrute, Weißdornbeeren, Hirtentäschelkraut, Johanniskraut, Schachtelhalm und Beinwellwurzel vermarktete. Dies seien Arzneimittel, weil sie eine Standardzulassung als Arzneimittel besitzen und im Arzneibuch verzeichnet sind. Deshalb verstoße der Bauer gegen das Arzneimittelgesetz, argumentierte das Landesgesundheitsamt und stellte Strafanzeige wegen Herstellung von Arzneimitteln ohne Erlaubnis.

Ein weiteres Thema, das in den letzten Jahren den Kräutermarkt aufschreckte, ist die Verordnung EG Nr. 258/97, auch als Novel-Food-Verordnung bekannt. Durch diese Verordnung besteht die Gefahr, dass einige Kräuter als sogenannte neuartige Lebensmittel zunächst einmal verboten werden. So geschehen im Falle des Süßkrauts, auch Stevia genannt. Damit Sie als Kräuteranbauer, Kräutersammler oder Teehersteller auf solche Szenarien vorbereitet sind, stelle ich nachfolgend einige Argumentationshilfen bereit.

Lebensmittel sind für den Genuss gedacht

Erinnern wir uns: Die Zweckbestimmung entscheidet, ob es sich bei einem Kräuterprodukt um ein Lebensmittel oder ein Arzneimittel handelt! Als Lebensmittel vermarktete Kräutertees dürfen keine medizinischen Anwendungsgebiete beanspruchen. Auch dürfen keinerlei Aussagen gemacht werden, die sich auf die Heilkraft oder auf die Linderung oder Verhütung von Krankheiten beziehen. Sonst werden Kräutertees automatisch zu Arzneimitteln. Teemischungen dürfen also nicht durch Bezeichnungen wie „Schlaftee", „Hustentee" oder „Beruhigungstee" den Anschein einer arzneilichen Wirkung erwecken. Und auch Säfte oder Liköre dürfen nicht damit werben, dass sie „die Abwehrkräfte stärken". Trotzdem kommt es sehr häufig vor, dass Hersteller ihren Kunden „versteckt" einen medizinischen Nutzungshinweis geben wollen. So gibt es beispielsweise Tees mit erkältungslindernden Pflanzen, die mit fantasievollen Namen wie „Sauwetter", „Kaltwetter-Tee", „Schlechtwetter-Tee" oder „Sturmwind" aufwarten. Mischungen mit Pflanzen, die die Schlafbereitschaft fördern, heißen „Sweet Dreams" „Nachtflug" oder „Guten-Abend-Tee".

Solange die enthaltenen Pflanzen als Lebensmittel bekannt sind, ist die Nutzung solch lenkender Fantasienamen durchaus möglich. Ein „Gute-Nacht-Tee" wurde von den Behörden allerdings bereits einmal beanstandet!

Einfache und schwierige Kandidaten

Grundsätzlich müssen wir Pflanzen für Kräutertees und andere Kräuterprodukte in mehrere Kategorien einteilen: Da sind zunächst jene Pflanzen, die in Lebensmitteln nichts zu suchen haben, weil sie entweder verschreibungs- oder apothekenpflichtig sind oder gar zu den Betäubungsmitteln und psychotropen Stoffen gehören (siehe Kasten Seite 19). Bei dem auf Seite 75 erwähnten Landwirt aus Brandenburg ist also die Beinwellwurzel zu Recht reklamiert worden, da sie wegen der enthaltenen Pyrrolizidinalkaloide apothekenpflichtig ist. Pyrrolizidinalkaloide waren auch dafür verantwortlich, dass der Huflattich apothekenpflichtig wurde, und genauso ist die Weinraute apothekenpflichtig und dürfte dementsprechend nicht in Würzmischungen oder Kräutersalzen enthalten sein.

Zur nächsten Kategorie zählen Pflanzen, die zwar nicht unter die „apothekenpflichtigen" Kräuter fallen, aber sowohl von Behördenseite als auch nach der Verkehrsauffassung nicht als Lebensmittel gelten. Einige dieser Pflanzen sind sogar per Gerichtsurteil eindeutig vom Gebrauch als Lebensmittel ausgeschlossen worden. Zu diesen kritischen Pflanzen gehören etwa Arnika, Brennnesselwurzel, Erdrauch, Sonnenhut (Echinacea), Mistel, Taigawurzel, Ginkgo und Ginseng. Hier ist es zwecklos, wenn man als Hersteller versucht, die Zweckbestimmung in Richtung Lebensmittel zu lenken. Die Verkehrsauffassung ist in diesen Fällen entscheidend. Trotzdem gibt es noch immer Hersteller, die diese Pflanzen als Lebensmittel vermarkten! Da es aber keine konkreten gesetzlichen Regelungen gibt, entscheiden letztendlich die Gerichte, ob Arzneimittelrecht oder Lebensmittelrecht gilt.

Pflanzen, die nur schwer als Lebensmittel zu bezeichnen sind
Apothekenpflichtige Pflanzen wie z. B. Beinwell, Huflattich, Schöllkraut, Tollkirsche, Weinraute
Pflanzen, die nach Verkehrsauffassung eher zu den Arzneimitteln gehören: Arnika, Brennnesselwurzel, Erdrauch, Ginkgo, Ginseng, Mistel, Sonnenhut, Taigawurzel
Pflanzen, die als Novel Food gelten, wie z. B. Alpen-Frauenmantel, Wald-Engelwurz, Klatschmohn, Leinkraut, Mandelblüten

Kommen wir nun zu den unproblematischen Pflanzen, die sicher nicht als Arzneimittel gelten können, weil sie weder im Deutschen noch im Europäischen Arzneibuch verzeichnet sind. Dazu gehören beispielsweise Ananassalbei, Anisysop (Duftnessel), Lemonysop, Apfelminze, Marokkanische Minze, Orangenminze, Bergamottminze, Drachenkopf, Griechischer Bergtee, Gewürztagetes, Zitronenverbene, Minzverbene, Zitronenbohnenkraut, Zitronenthymian, Zitronengras, Kreta-Melisse, Weiße Melisse, Bergminze oder Indianernessel. Zu dieser Rubrik zählen auch viele Blüten, die aufgrund ihrer optischen Farb- und Schmuckwirkung in Teemischungen gelangen (z. B. Kornblume, Sonnenblume). Bei manchen dieser Pflanzen könnte es jedoch in Zukunft zu Konflikten mit der Novel-Food-Verordnung kommen (siehe Seite 82).

Nicht zu vergessen sind die vielen Kräuter, die als Gewürz genutzt werden, wie etwa Basilikum, Bohnenkraut, Kerbel und Petersilie. Hier gibt es in der Regel keine Abgrenzungsprobleme.

Auch die nächste Kategorie ist ziemlich unproblematisch, auch wenn es sich dabei um anerkannte Heilpflanzen handelt. Sie wurden aber schon immer auch für Genusszwecke eingesetzt. Hier wären beispielhaft zu nennen: Melisse, Pfefferminze, Fenchel, Lindenblüte, Kamillenblüte, Brombeerblätter, Himbeerblätter, Brennnesselblätter, Holunderblüte, Thymian und Rosmarin. Auch Schmuckpflanzen wie Ringelblume oder Malvenblüten zählen zu dieser Kategorie.

Die letzte Kategorie umfasst Pflanzen, die zwar als Lebensmittel benutzt werden können, dies aber nur in begrenzter Menge. Diese Mengenbegrenzung kann ihren Grund in der pharmakologisch wirksamen Dosis haben oder darin, dass einer der Inhaltsstoffe als schädlich eingestuft wird, wenn man ihn in größeren Mengen konsumiert (z. B. Estragol im Estragon, Pyrrolizidinalkoloide im Borretsch). Solche Pflanzen sollten in Teemischungen einen Anteil von 5–10 % nicht überschreiten. Durch die Mengenbegrenzung wird die pharmakologisch wirksame Dosis so weit herabgesetzt, dass die Pflanze aus wissenschaftlicher Sicht kein Arzneimittel mehr ist. In diese Rubrik zählen beispielsweise Pflanzenteile wie Birkenblätter, Eibischwurzel, Johanniskraut, Königskerzenblüten, Löwenzahnblätter, Schafgarbe oder Schlüsselblume. Sollten Sie Pflanzen aus dieser Kategorie in Ihren Lebensmitteln verarbeiten, dann ist es wichtig, Argumente bereitzuhalten, um die Zweckbestimmung als Lebensmittel zu rechtfertigen.

Am besten legen Sie sich für Ihre Kräuter-Lebensmittel eine Produktbeschreibung zu, in der Sie auf die Funktionen der Zutaten hinweisen. Dabei dürfen nur die Aroma- oder Schmuckeigenschaften der betreffenden Pflanzen angeführt werden. Also zum Beispiel: Schlüsselblumenblüten, Malvenblüten, Veilchenblüten und Königskerzenblüten haben in der Teemischung Schmuckfunktion, Schafgarbe und Lavendel dienen als Aromazutat, die kleinen Mengen an Löwenzahn und Tausendgüldenkraut verleihen der Mischung die würzigen Bittertöne.

Diese Argumente müssen sich allerdings mit der Verbrauchererwartung (aromareicher und möglichst farbenfroher Tee) decken. Es dürfte deshalb schwierig werden zu begründen, warum man seiner Teemischung beispielsweise einen hohen Anteil an Bitterstoffpflanzen wie Wermut beimischt.

- Sie müssen sich also vor jedem Inverkehrbringen eines Kräuterproduktes die Frage stellen: Wie ist die Verkehrsauffassung der verwendeten Pflanzen?

- Ist die Zweckbestimmung meiner verwendeten Pflanzen(teile) als Lebensmittel eindeutig zu belegen?
- Warum benutze ich diese Kräuter? Sind sie geschmacksgebend, erfrischend, würzig, wohlschmeckend oder steigern sie die optische Attraktivität?

Argumentationshilfe durch WKF-Liste

Nun gibt es leider keine rechtsverbindlichen Listen, in denen die Kräuter eindeutig als Arzneipflanzen oder Lebensmittel eingestuft werden. Aber es gibt zwei hilfreiche Listen, die sich mit der Abgrenzung auseinandersetzen und die man als Kräuterproduzent und -verarbeiter unbedingt kennen sollte. Diese Listen können wichtige Argumentationshilfen gegenüber den Behörden sein, denn in ihnen spiegeln sich die Meinungen der Experten. Außerdem können Sie sich an den Listen orientieren, wenn es darum geht, Ihre Rezepturen auf eventuell kritische Zutaten zu überprüfen.

Zunächst wollen wir uns die sogenannte Inventarliste der Wirtschaftsvereinigung Kräuter- und Früchtetee (WKF) ansehen, einem Zusammenschluss von Unternehmen aus der Teebranche. Diese Liste kommt natürlich den Bedürfnissen der Teeproduzenten sehr nahe. Sie enthält alle Pflanzen, die aus Sicht der WKF derzeit als Lebensmittel eingestuft werden können. Dabei sind die Pflanzen berücksichtigt, die sich in Deutschland oder anderen Ländern bereits als Lebensmittel im Verkehr befinden. Die Inventarliste ist nicht endgültig, sondern wird kontinuierlich entsprechend der Verkehrsauffassung fortgeschrieben. Ist eine Pflanze nicht aufgeführt, so bedeutet dies also nicht automatisch, dass es sich bei ihr nicht um ein Lebensmittel handelt.

Auch in dieser Liste geht man auf die Problematik ein, dass sich einige Pflanzen nicht eindeutig als Lebensmittel oder Arzneimittel einstufen lassen. Deshalb werden bei diesen Pflanzen Mengenbegrenzungen empfohlen, das heißt, sie sollten in einer Teemischung prozentual eine untergeordnete Rolle (5–10%) spielen. Solche Pflanzen sind beispielsweise Birke, Eibisch, Engelwurz, Frauenmantel, Johanniskraut, Königskerze, Löwenzahn, Passionsblumenkraut, Schafgarbe, Wermut und Schlüsselblume. Allerdings enthält diese Liste auch Pflanzen wie Erdrauch, Sonnenhut, Ginkgo, Ginseng oder Mistel, die aus Sicht der Überwachungsbehörden (teilweise auch schon durch Gerichtsurteile) eindeutig zu den Arzneimitteln gerechnet werden. Die Inventarliste ist abrufbar unter: www.wkf.de.

Auszug aus der Stoffliste BVL								
Stamm-pflanze	Pflan-zenteil	LM	NF	AS	Trad. AM	Liste A	Liste B	Liste C
Alpen-Frauenmantel	Kraut		x		x			
Baldrian	Wurzel	x A		x	x		x	
Fenchel	Frucht	x T G		x	x		x	
Haselnuss	Blatt	x T						
Johanniskraut	Kraut, Blüte	x A		x	x		x	
Klatschmohn	Blüte		Not NFS					x
Königskerze	Blüte	x T		x	x		x	
Mistel	Kraut					x		
Schlüsselblume	Blüte	x S		x	x		x	
Tollkirsche	Kraut			x		x		

LM = Lebensmittel / NF = Novel Food / AS = Arzneistoff / Trad. AM = traditionelles Arzneimittel.
A = Aroma, G = Gewürz, S = Schmuckdroge, T = Tee, Not NFS = nicht neuartig bei Nahrungsergänzungsmitteln.

Die Sicht der Behörden: BVL-Liste

Die zweite Liste ist die sogenannte Stoffliste „Pflanzen und Pflanzenteile" des Bundesamtes für Verbraucherschutz und Lebensmittelsicherheit (BVL). Erarbeitet wurde die Stoffliste vom Arbeitskreis Lebensmittelchemischer Sachverständiger der Länder. Sie ist im Vergleich zur Inventarliste wesentlich differenzierter, aber auch restriktiver. Während die WKF-Liste für fast alle Kräuter die Verkehrsauffassung vertritt, dass es sich um Lebensmittel handelt, werden in der BVL-Liste viele Pflanzen für eine Verwendung nicht empfohlen oder zumindest beschränkt. Außerdem werden noch eine ganze Reihe von Pflanzen in die Rubrik „Neuartige Lebensmittel (Novel Food)" eingeteilt, was eine behördliche Genehmigung voraussetzt, wenn man sie in Verkehr bringen will (siehe Seite 82). Die Stoffliste Pflanzen und Pflanzenteile ist abrufbar auf www.bvl.bund.de. Und zwar unter der Rubrik Lebensmittel / für Antragsteller und Unternehmen / Stoffliste des Bundes und der Bundesländer. Um die komplexe, 172 Seiten umfassende Stoffliste zu verstehen, wollen wir beispielhaft einige Pflanzen herausgreifen: Nach dieser Tabelle ist beispielsweise der Fenchel als Lebensmittel bekannt, und zwar für die Verwendung als Gewürz und als Tee. Gleichzeitig nutzt man ihn als Arzneistoff und traditionelles Arzneimittel. Die Einstufung in die Liste B bedeutet, dass eine Mengenbegrenzung in Lebensmitteln empfohlen wird. Die Mistel steht in der Liste A, was bedeutet, dass von einer Verwendung in Lebensmitteln abgeraten wird. Der Klatschmohn ist der Liste C zugeordnet, in der sich Pflanzen befinden, die mangels Daten nicht abschließend beurteilt werden konnten. Außerdem wird er in Bezug auf Lebensmittel als Novel Food angesehen, hinsichtlich der Nahrungsergänzungsmittel dagegen nicht.

Mengenbegrenzung in Teemischungen

Mit diesen beiden Listen haben Sie eine gute Orientierungshilfe und können die von Ihnen verwendeten Kräuter sehr gut einstufen und beurteilen. Im Hinblick auf die in Liste B empfohlenen Mengenbegrenzungen ist es sinnvoll, einmal einen Blick auf die pharmakologisch wirksame Dosis zu werfen. Diese lässt sich ebenfalls der ausführlichen BVL-Stoffliste entnehmen.

Nehmen wir einmal an, eine von Ihnen vertriebene Hausteemischung wird wegen ihres Anteils von 15 % Königskerzenblüten beanstandet. Als Begründung gibt man an, dass Königskerze nur unter Vorgabe einer Mengenbeschränkung als Schmuckdroge in teeähnlichen Erzeugnissen toleriert wird und deshalb in teeähnlichen Erzeugnissen nur bis zu einem Anteil von 5 % an der Pflanzengesamtmenge zugesetzt werden darf. In diesem Fall sollten Sie zunächst eine Bestandsaufnahme machen:
1. Es gibt keine gesetzliche Vorschrift, die den Anteil von Königskerzenblüten in einem Lebensmitteltee auf einen bestimmten Prozentsatz beschränkt.
2. In der Inventarliste der WKF ist die Königskerzenblüte als Lebensmittel aufgeführt, mit einer Empfehlung für eine mengenmäßige Begrenzung.
3. In der BVL-Stoffliste ist sie als Arzneistoff und als Lebensmittel aufgeführt, ebenfalls mit der Empfehlung zur Mengenbegrenzung.
4. Den beiden Listen zufolge, die allerdings nicht rechtsverbindlich sind, spricht zunächst nichts dagegen, die Königskerze in einer Mischung zu verwenden. Es wird allerdings von beiden Listen eine

Mengenbegrenzung empfohlen. Die Frage ist also, wie viel man zugeben darf? Die Königskerze hat eine pharmakologisch wirksame Dosis von 3–4 g Droge je Tag. Das entspricht 3–4 Tassen Königskerzenblüten-Tee. Trinkt man die gleiche Menge des obigen Haustees mit 15 % Blütenanteil, dann nimmt man nur 0,4–0,6 g Königskerze pro Tag auf, was aus wissenschaftlicher Sicht nicht mehr arzneilich wirksam ist. Man müsste etwa 22 Tassen trinken, um auf die wirksame Dosierung zu kommen, was eine unübliche Menge wäre. Es spricht demnach nichts gegen einen 15-prozentigen Anteil. Um auf der sicheren Seite zu sein, sollten Sie aber vorsichtshalber den Anteil von mengenbegrenzten Pflanzen nicht über 5–10 % steigen lassen.

Im Österreichischen Lebensmittelbuch sind anders als im deutschen Pendant die handelbaren Teekräuter im Codexkapitel 31 benannt. Darin sind 90 Teekräuter aufgeführt, die als Lebensmittel anzusehen sind.

Novel-Food-Verordnung

In der Stoffliste des BVL finden sich Hinweise auf ein weiteres Problem, dem sich Kräutervermarkter stellen müssen, die Novel-Food-Verordnung (EG Nr. 258/97). Als Novel Food (= Neuartige Lebensmittel) bezeichnet man Lebensmittel und Lebensmittelzutaten, die vor dem 15. Mai 1997 in der Europäischen Gemeinschaft noch nicht in nennenswertem Umfang für den menschlichen Verzehr verwendet wurden.

Aus Gründen des Gesundheitsschutzes benötigen diese neuartigen Lebensmittel eine behördliche Genehmigung. Novel Food wird einer Sicherheitsprüfung unterzogen, wobei der Antragsteller belegen muss, dass das neuartige Lebensmittel keine Gefahr für den Verbraucher darstellt. In Deutschland nimmt das Bundesamt für Verbraucherschutz und Lebensmittelsicherheit (BVL) die Anträge entgegen. Die endgültige Entscheidung liegt bei der Europäischen Kommission.

Bei Novel Food handelt es sich zum Beispiel um sogenanntes Designer Food, wie etwa Elektrolytgetränke, aber manchmal auch um Pflanzen oder Stoffe, die aus Pflanzen isoliert wurden. Im Bereich der Pflanzen sind es häufig Lebensmittel aus anderen Kulturkreisen oder exotische Früchte. Ein Beispiel für ein zugelassenes Novel Food sind die Produkte des Noni-Baums. Bekanntester abgelehnter Fall der letzten Jahre sind Produkte aus der Stevia-Pflanze (300-mal süßer als Zucker). Deshalb findet man die getrockneten Blätter oft als Badezusatz oder Räucherwerk deklariert im Handel. Während die natürlichen Blätter

der Pflanze verboten sind, wurden die daraus isolierten Steviol-Glykoside inzwischen zugelassen. Erlaubt ist auch der Verkauf der lebendigen Pflanze.
Kritisch betrachtet werden Pflanzen, die erst seit einigen Jahren in Teemischungen auftauchen, wie beispielsweise Amerikanischer Ginseng, Afrikanisches Zitronenkraut, Cistrose, Muskatellersalbei, Leinkraut, Klatschmohnblüten, Rosenwurz oder Patschuliblätter. Aber auch einige Pflanzenteile aus der traditionellen Heilkunde sind Novel-Food-Kandidaten: Betonie, Bärentraube, Wald-Engelwurz, Holunderblätter, Nelkenwurzblätter, Kirschstiele, Silber-Frauenmantel und Veilchenwurzel. Wenn Sie sich über die Entwicklung informieren wollen, finden Sie Informationen dazu entweder auf der Website des BVL oder direkt bei der zuständigen EU-Stelle: ec.europa.eu/food/food/biotechnology/novelfood/index_en.htm

Tipps zur Teevermarktung
Bei der Vermarktung von Kräutern als Lebensmittel umfasst die Produktgruppe „Tee und Gewürze" den größten Anteil. Dementsprechend umkämpft ist der Markt. Kleine Hersteller oder Direktvermarkter haben nur eine Chance, wenn sie ein Produkt anbieten, das aus dem Rahmen fällt und durch außergewöhnliche Qualität überzeugt. Dies könnte zum einen die Ausrichtung auf den ökologischen Landbau sein, zum anderen das Verkaufsargument der regionalen Erzeugung, oder man stellt geschmackliche Qualitätsmerkmale in den Vordergrund. Da die meisten Kräutertees aus produktionstechnischen Gründen stark zerkleinert oder gar als Teebeutel angeboten werden, sind unzerkleinerte Ganzblatt-Tees eine Rarität. Solche Tees zeichnen sich durch eine unglaubliche Aromafülle und Geschmacksqualität aus, denn bei der Zerkleinerung verdunsten über die Bruchstellen beständig ätherische Öle. Solche Tees sind allerdings nur durch arbeitsintensive Handarbeit zu produzieren, was sie durch einen entsprechend hohen Verkaufspreis wettmachen müssen. Die Tees sind im Verbrauch sehr ergiebig, was den hohen Preis relativiert, und wie Spitzen-Grüntees können sie auch noch ein zweites Mal aufgebrüht werden. Zudem erreichen sie ohne Probleme den in den Leitsätzen für teeähnliche Erzeugnisse geforderten Mindestgehalt an ätherischem Öl: Gefordert ist je 100 g Trockenmasse bei Fencheltee mindestens 1 ml, bei Krauseminzetee und Pfefferminztee mindestens 0,6 ml und bei Kamillentee mindestens 0,2 ml ätherisches Öl.

Die Vermarktung von Kräutern als Kosmetika

Die Vermarktung von Kräuterprodukten kommt zwar im Bereich der kosmetischen Artikel nicht so häufig vor wie im Lebensmittelbereich, aber gerade in Bezug auf Kräuterseifen oder Badezusätze hat sich in den letzten Jahren einiges bewegt. Nun ist es leider so, dass sich vor allem im Bereich Kosmetik viele kleine Hersteller, möglicherweise aus Unwissenheit, nicht an die gesetzlichen Vorgaben halten. Es ist auch schwer vorstellbar, dass jemand, der jährlich nur einige hundert Stück Seife oder Flaschen Massageöl herstellt, die doch sehr kostenintensiven Anforderungen der Kosmetikverordnung erfüllen kann. Denn die Kosmetikherstellung ist gemessen an den Auflagen viel näher an der Arzneimittelherstellung als an der Lebensmittelproduktion. Im Gegensatz zu Arzneimitteln sind kosmetische Mittel allerdings nicht zulassungspflichtig.

Einheitliches Kosmetikrecht in der EU

Kosmetische Artikel gehören rechtlich zu den Bedarfsgegenständen, die durch das Lebensmittel-, Bedarfsgegenstände- und Futtermittelgesetzbuch (LFGB) geregelt werden. Die wirklich wesentlichen Anforderungen und Verpflichtungen werden jedoch in der seit Juli 2013 gültigen EU-Verordnung (EG) Nr. 1223/2009 behandelt. Ergänzt wird die EU-Kosmetikverordnung durch die deutsche Verordnung für kosmetische Mittel (D-KosmetikV), die beispielsweise die Anzeigepflicht und die Sanktionierung bei Verstößen (Strafen, Bußgelder) regelt. Ebenfalls beachtet werden müssen Eichgesetz und Fertigpackverordnung. Die umfangreiche EU-Kosmetikverordnung können Sie sich online beim Bundesamt für Verbraucherschutz und Lebensmittelsicherheit (www.bvl.bund.de) herunterladen oder bei der Europäischen Union (www.eur-lex.europa.eu). Die Verordnung ist einheitliche Rechtsnorm in allen EU-Ländern, und auch die Schweiz hat ihr Kosmetikrecht dieser Norm weitgehend angepasst. Die Unterschiede sollen bis 2016 harmonisiert sein. Ziel der umfangreichen europäischen Regelung ist es v. a., ein hohes Maß an Gesundheits- und Verbraucherschutz zu gewähren. Daneben soll auch der Tierschutz verbessert werden, indem Tierversuche bei der Entwicklung von Kosmetika zurückgedrängt werden.

Zuständig für die Kontrolle und Überwachung der kosmetischen Mittel und für die Einhaltung der Rechtsvorschriften ist in Deutschland das jeweilige regionale Veterinäramt beim Landratsamt oder das Amt für öffentliche Ordnung der Städte. In Österreich obliegt diese Aufgabe dem Landeshauptmann des jeweiligen Bundeslandes.

Abgrenzung zu Arzneimitteln

Nach Artikel 2a der EU-Kosmetikverordnung sind kosmetische Mittel definiert als: „Stoffe oder Gemische, die dazu bestimmt sind, äußerlich mit den Teilen des menschlichen Körpers (wie Haut, Behaarungssystem, Nägel, Lippen und äußere intime Regionen) oder mit den Zähnen und den Schleimhäuten der Mundhöhle in Berührung zu kommen, und zwar zu dem ausschließlichen oder überwiegenden Zweck, diese zu reinigen, zu parfümieren, ihr Aussehen zu verändern, sie zu schützen, sie in gutem Zustand zu halten oder den Körpergeruch zu beeinflussen."
Dadurch ergibt sich eine deutliche Abgrenzung zu Arzneimitteln, deren Ziel es ja ist, Leiden zu heilen oder zu lindern. So ist beispielsweise ein Mundwasser ein Kosmetikartikel, wenn es einen frischen Atem verleihen soll, sobald es aber zur Bekämpfung einer Parodontitis dient, ist es ein Arzneimittel. Auch die Behauptung, eine Lotion wirke hautstraffend und habe eine busenhebende Wirkung, wurde durch ein Gerichtsurteil als für ein kosmetisches Mittel unzulässig angesehen. Ein Produkt, das unter beide Begriffsbestimmungen fällt, ist durch die Zweifelsfallsregelung (§ 2 Absatz 3a AMG) immer ein Arzneimittel: Mit anderen Worten: Auch bei kosmetischen Produkten, die Heilkräuter enthalten, darf wie bei Lebensmitteln auf keinen Fall mit medizinischen Indikationen geworben werden.

Die „Verantwortliche Person"

Die in Artikel 3 der EU-Kosmetikverordnung geforderte Sicherheit für die menschliche Gesundheit ist in vielerlei Hinsicht von den Pflichten der in Artikel 4 und 5 beschriebenen „Verantwortlichen Person" abhängig. Nur wenn diese natürliche oder juristische Person benannt wurde, darf das kosmetische Mittel in Verkehr gebracht werden. Die Verantwortliche Person muss die Einhaltung der in der EU-Kosmetikverordnung beschriebenen Bestimmungen gewährleisten. Ihr Name muss auf dem Behältnis und der Verpackung des kosmetischen Mittels angebracht sein. Für in der EU gefertigte Kosmetika ist in der Regel der Hersteller die Verantwortliche Person. Die nach dem Gesetz verantwortliche Person kann allerdings ihre Verantwortung abgeben, indem sie diese vertraglich in Schriftform auf eine andere Person innerhalb der EU überträgt. Dieser Dritte ist dann für die Einhaltung der Pflichten verantwortlich. Ein Lohnhersteller oder Abfüller ist keine Verantwortliche Person, da er nicht in eigenem Auftrag tätig wird. Wenn Sie beispielsweise ein Massageöl herstellen lassen und unter eigener Marke vertreiben, dann sind Sie Hersteller und Verantwortliche Person.

Bei einem importierten kosmetischen Mittel ist hingegen der Importeur verantwortlich. Auch ein Händler kann zur Verantwortlichen Person werden, wenn er Kosmetikartikel eines Herstellers inhaltlich wesentlich abändert.

Zu den Pflichten der Verantwortlichen Person gehören beispielsweise die Durchführung der Sicherheitsbewertung und das Anlegen einer Produktinformationsdatei. Wenn beim Kosmetikprodukt gesundheitliche Risiken auftreten, muss der Verantwortliche unverzüglich die zuständigen Behörden informieren und das Produkt gegebenenfalls zurückzurufen.

Überprüfungspflicht und Lieferkette

Auch die Händler haben gegenüber der früheren Rechtslage zusätzliche Pflichten (Artikel 6 der EU-Kosmetikverordnung). Bevor sie das kosmetische Mittel zum Verkauf stellen, müssen sie überprüfen, ob die Kosmetik richtig gekennzeichnet wurde, also zum Beispiel eine Verantwortliche Person genannt und eine Chargennummer vorhanden ist, bei der Kennzeichnung den Sprachanforderungen (Landessprache) Genüge geleistet wird und die Mindesthaltbarkeit angegeben ist. Die Händler müssen gegenüber den zuständigen Behörden auch immer diejenigen Personen oder Firmen identifizieren können, von denen sie das kosmetische Produkt bezogen haben. Umgekehrt muss auch der Hersteller in der Lage sein, die Händler zu benennen, an die er die Ware geliefert hat. Die Verpflichtung gilt bis zu drei Jahren nach der letzten Lieferung. Diese in Artikel 7 geforderte Identifizierung innerhalb der Lieferkette dürfte anhand von Lieferscheinen und Rechnungen problemlos gelöst werden.

Qualitätssicherheit durch Gute Herstellungspraxis (GMP)

Nach Artikel 8 der EU-Kosmetikverordnung sind bei der Herstellung kosmetischer Mittel die Grundsätze Guter Herstellungspraxis (Good Manufacturing Practice = GMP) zu beachten. Dies muss auch entsprechend dokumentiert werden und die Einhaltung wird in der Produktinformationsdatei (siehe Seite 93) durch eine entsprechende Erklärung bestätigt. Eine Zertifizierung ist nicht nötig, es wird lediglich erwartet, dass die Anforderungen eingehalten werden. Die GMP ist ein Qualitätssicherungssystem. Man versteht darunter eine Sammlung von Verhaltensmaßnahmen und Vorschriften, die bei der Herstellung einzuhalten sind. Grundlage dafür ist die internationale Norm DIN EN ISO 22716.

Eine Broschüre dazu kann beim Industrieverband Körperpflege- und Waschmittel e. V. (IKW) bestellt werden. Ebenfalls sehr informativ ist die dort erhältliche Broschüre „Kosmetik-GMP – Leitlinien zur Herstellung kosmetischer Mittel" (www.ikw.org). Zu den Vorschriften der GMP zählen beispielsweise:

- Betriebshygiene (Reinigungs- und Desinfektionspläne)
- geeignete Räumlichkeiten, vor allem bezüglich der Hygiene (Belüftung, Sauberkeit und Trockenheit, abwaschbare Arbeitsflächen). Wie auch im Bereich Lebensmittel ist es selbstverständlich, dass der Produktionsbereich vom privaten Bereich getrennt ist. Die Seifenwerkstatt in der eigenen Küche ist für gewerbliche Zwecke nicht zulässig!
- Kontrolle und Wartung der technische Ausrüstung (Eichung aller Messgeräte, gründliche Reinigung und Desinfektion)
- regelmäßige Schulung des Personals (Hygienevorschriften)
- fachgerechte Kennzeichnung im Lager (keine Verwechslung der Ausgangsstoffe, z. B. bei Flüssigkeiten)
- einwandfreie Qualität und ordnungsgemäße Lagerung der Ausgangsmaterialien (Rohstoffe, Verpackungsmaterial)
- Dokumentation des Herstellungsprozesses, damit im Falle einer Beanstandung eine lückenlose Nachprüfung aller Herstellungsschritte möglich ist. In einem Herstellungsprotokoll wird jede hergestellte Charge ausführlich dokumentiert (Herstellungsdatum, Zusammensetzung der Charge, Chargennummer, Muster der Etiketten, Aufzeichnung über jede Herstellungsstufe).
- Qualitätsprüfung (Probeentnahmen, Prüfprotokolle)

Ein Knackpunkt: Sicherheitsbewertung und Sicherheitsbericht

Artikel 10 der EU-Kosmetikverordnung regelt den Punkt, der vermutlich die größte Hürde für kleine Kosmetikhersteller darstellt: Vor Inverkehrbringen eines kosmetischen Mittels muss die Verantwortliche Person eine Sicherheitsbewertung durchführen oder durchführen lassen. Anschließend wird ein Sicherheitsbericht für das kosmetische Mittel erstellt, in den mindestens folgende Informationen aufzunehmen sind (gemäß Anlage 1 Teil A):

- Daten über die quantitative und qualitative Zusammensetzung des kosmetischen Erzeugnisses, einschließlich der chemischen Identität der Stoffe und ihrer beabsichtigten Funktion (z. B. Rezeptur, Rohstofflieferanten, chemische Bezeichnung der Stoffe, CAS-Nummer, INCI-Deklaration, Charakteristik des Produkts, dessen Verwendungszweck).
- Daten über die physikalisch-chemischen Eigenschaften des kosmetischen Mittels (z.B. pH-Wert, Geruch), sowie die Stabilität (Haltbarkeit) unter normalen Lagerbedingungen.
- Mikrobiologische Qualität (z. B. Keimbelastung, Konservierungsbelastungstest). Besonderer Aufmerksamkeit bedürfen dabei Mittel, die in der Nähe der Augen, auf Schleimhäuten, auf geschädigter Haut oder bei Kleinkindern angewendet werden.
- Verunreinigungen, Spuren, Informationen zum Verpackungsmaterial und den Behältnissen (z. B. Reinheit und Stabilität der Behältnisse). Falls Verunreinigungen oder Spuren verbotener Stoffe vorliegen, ist der Nachweis erforderlich, dass diese technisch unvermeidbar sind.
- Normaler und vernünftigerweise vorhersehbarer Gebrauch. Vernünftigerweise vorhersehbare Anwendungen sind denkbare Fehlanwendungen (z. B., dass ein im normalen Gebrauch als Handcreme gedachtes Produkt als Gesichtscreme verwendet wird).
- Exposition gegenüber dem kosmetischen Mittel und gegenüber den Stoffen: Gemeint sind damit mögliche schädlichen Auswirkungen des kosmetischen Mittels und der darin enthaltenen Einzelstoffe über die Haut. Folgende Fragen spielen dabei eine Rolle: Wo wird es aufgetragen, wie viel wird aufgetragen, wie häufig wird es angewendet, wie viel wird vom Körper aufgenommen, gibt es eine toxikologische Wirkung, welche Zielgruppen sind eventuell gefährdet? Die Expositionsbetrachtung erfolgt in Anlehnung an die "Notes of Guidance for Testing of Cosmetic Ingredients for their Safety Evaluation" des SCC (Scientific Committee on Consumer Safety).

- Toxikologische Profile der Inhaltstoffe: Diese Informationen sind die Grundvoraussetzung der Sicherheitsbewertung. Hier ist entscheidend, ab welcher Dosierung die im Kosmetikartikel enthaltenen Stoffe toxisch wirken. Besonders zu beachten ist die Bewertung der lokalen Toxizität (Hautreizung, Augenkontakt, Schleimhautreizung), die Sensibilisierung der Haut, die Fotosensibilisierung, aber auch die mögliche mutagene Wirkung. Am Beispiel eines wichtigen Rohstoffs der Seifenherstellung (Natronlauge) ist in der Tabelle auf Seite 90 ein toxikologisches Kurzprofil durchgespielt.
- Mögliche Gefahren und Erste-Hilfe-Maßnahmen (z.B. nach Verschlucken oder nach Augenkontakt).
- Unerwünschte Wirkungen und ernste unerwünschte Wirkungen: Wenn Nebenwirkungen hervorgerufen werden, müssen alle Daten erfasst werden.
- Sonstige Informationen über das kosmetische Mittel.

Die in der EU vorgeschriebene Sicherheitsbewertung ist in der Schweiz noch nicht erforderlich. Der Hersteller ist für die Sicherheit verantwortlich und hat dafür zu sorgen, dass alle gesetzlichen Anforderungen erfüllt sind. Auch das Anlegen einer Produktinformationsdatei (siehe Seite 93) ist von den Kosmetikherstellern in der Schweiz nicht gefordert.

Die Vermarktung von Kräutern als Kosmetika

Beispiel für ein toxikologisches Kurzprofil (Natronlauge)		
Angaben	**Verfügbare Daten**	**Erklärung***
Produktname	Olivenseife	
Rezepturbestandteil	Rohstoff Natronlauge	
Hersteller	Firma XY	
Einsatzkonzentration	9 %	Prozentualer Anteil in der Seifenrezeptur
Handelsname	Natronlauge	
INCI	Sodium Hydroxide	Internationale Nomenklatur für kosmetische Inhaltsstoffe (Abkürzung INCI = International Nomenclature of Cosmetic Ingredients). Danach werden die Inhaltsstoffe von Kosmetika in allen Ländern der EU gekennzeichnet.
CAS-Nr.	1310-73-2	Die CAS-Nummer (Abkürzung CAS = Chemical Abstract Service) ist ein internationaler Bezeichnungsstandard für chemische Stoffe.
EINECS/ELINCS-Nr.	215-1856-5	Im EG-Stoff-Inventar sind alle chemischen Stoffe mit Nummern gelistet. Dazu gehören folgende Unterverzeichnisse: Altstoff-Verzeichnis der EU (European Inventory of Existing Commercial Chemical Substances = EINECS). Neustoff-Verzeichnis der EU (European List of Notified Chemical Substances = ELINCS)
Akute orale Toxizität	LD50 > 500 mg/kg oral Maus	LD50 bezeichnet die mittlere letale Dosis. Das heißt, die tödliche Wirkung des Stoffes betrifft 50 % der beobachteten Population, in diesem Fall Mäuse: 50 % der Mäuse sind bei einer Dosierung von 500 mg Natronlauge je kg Körpergewicht gestorben.

Subchronische Toxizität	Keine Daten verfügbar	Die subchronische Toxizität beschreibt die schädigenden Wirkungen, die bei einer wiederholten täglichen Verabreichung der Prüfsubstanz über einen Expositionszeitraum von 90 Tagen auftreten.
Percutane Permeation	A = 1 (Worst-Case-Annahme 100 %), Ergebnis: 0,023 mg/cm^2 pro Anwendung	Hier wird errechnet, wie viel des Stoffes durch die Haut dringen kann.
Reizwirkung an der Haut (dermale Irritation)	Ätzend (Kaninchen)	Solche Tests werden in der Regel leider mit Tierversuchen (meist an Meerschweinchen und Kaninchen) durchgeführt.
Reizwirkung an der Schleimhaut	Ätzend (Kaninchen)	
Sensibilisierung	Nicht sensibilisierend (Test am menschlichen Hautmodell)	
Mutagenität	Keine Hinweise (negative Testergebnisse Ratten)	
Praktische Erfahrungen am Menschen	Hand- und Augenschutz bei der Verarbeitung	

* Diese Spalte ist nicht Bestandteil eines Kurzprofils. Sie dient in unserem Falle dazu, die Fachsprache verständlich zu machen.

Sicherheitsbewertung – für Fachleute kein Hexenwerk

Diese umfangreiche Auflistung (Seite 88) mag zunächst erschrecken. Aber die meisten dieser Daten müssen nicht aufwendig analysiert werden, sondern werden vorhandenen Listen, Datenbanken oder der entsprechenden Fachliteratur entnommen. Auch müssen die Rohstofflieferanten entsprechende Rohstoffzertifikate und Datenblätter zur Verfügung stellen. Außerdem sollte man sich bewusst machen, dass die Gesetzgebung die unüberschaubare Zahl von Kosmetikrohstoffen (über 10 000!) im Auge hatte, von denen die Kräuterkosmetik- oder Naturkosmetikproduzenten vermutlich nur einen sehr geringen Teil und eher die unbedenklichen Stoffe nutzen. Dementsprechend sind Sicherheitsbewertungen solcher natürlicher Produkte wesentlich weniger aufwendig und damit kostengünstiger.

Anhand obiger Informationen und Daten beurteilt der Sicherheitsbewerter das gesundheitliche Risiko, das von dem kosmetischen Mittel ausgehen kann. Dann bewertet er (hoffentlich) das Produkt als gesundheitlich unbedenklich und begründet die Sicherheit des Produktes. Falls nötig, macht er Angaben über eventuell erforderliche Warnhinweise oder Gebrauchsanweisungen (z. B. „Kontakt mit Augen vermeiden!"). Jede Änderung der Rezeptur macht jedoch automatisch die vorliegende Sicherheitsbewertung ungültig. Außerdem muss die Sicherheitsbewertung stets aktuell gehalten werden. Sie enthält zudem Name, Anschrift und Qualifikationsnachweis des Sicherheitsbewerters.

Es stellt sich an dieser Stelle natürlich die Frage der Kosten. Falls Sie die Sicherheitsbewertung nicht selbst vornehmen können und einen Gutachter, Kosmetiksachverständigen oder Sicherheitsbewerter beauftragen müssen, dann können Sie bei einer übersichtlichen Kosmetikrezeptur mit Kosten von 200 bis 500 Euro rechnen. Ein Ringelblumen-Massageöl, zusammengesetzt aus Olivenöl und Ringelblumenauszügen, ist natürlich wesentlich schneller zu bewerten als eine Seife, die eventuell aus mehr als zehn Rohstoffen und Zutaten besteht. Je komplexer die Rezeptur, desto teurer die Bewertung.

Qualifikation des Sicherheitsbewerters

Wie schon angedeutet, könnten Sie als Hersteller die Sicherheitsbewertung auch selbst vornehmen. Mit Zugang zu den benötigten Datenbanken und der nötigen Fachliteratur ist dies für einen Naturwissenschaftler oder Apotheker kein Hexenwerk. Voraussetzung für die Sicherheitsbewertung ist der Besitz eines Qualifikationsnachweises

(Diplom), der beim Abschluss eines Hochschulstudiums in Pharmazie, Toxikologie, Medizin oder einem ähnlichen Fach wie etwa Biochemie oder Chemie erteilt wurde.

Alle wichtigen Informationen sammeln: die Produktinformationsdatei

Die Verantwortliche Person muss für jedes in Verkehr gebrachte Kosmetikprodukt eine sogenannte Produktinformationsdatei (PID) führen (Artikel 11 der EU-Kosmetikverordnung). Diese muss bis zehn Jahre nach Abverkauf der letzten Charge aufbewahrt werden. Die PID muss bei der Anschrift der Verantwortlichen Person, die auf dem Etikett angeben wird, für die Kontrollbehörden leicht zugänglich sein. Sind auf der Verpackung mehrere Anschriften angegeben, dann muss der Ort, an dem die PID zugänglich gemacht wird, hervorgehoben sein (z. B. unterstrichen oder fett gedruckt). Sie kann als elektronische Datei oder in Papierform abgelegt werden und muss in einer für die zuständigen Behörden leicht verständlichen Sprache (Landessprache oder Englisch) verfasst sein.

Die Produktinformationsdatei enthält folgende Angaben und Daten, die gegebenenfalls immer aktualisiert werden müssen:
- Beschreibung des kosmetischen Mittels, die es ermöglicht, die PID eindeutig dem kosmetischen Mittel zuzuordnen (Produktname, Rezepturnummer).
- Sicherheitsbericht/Sicherheitsbewertung für das kosmetische Mittel: Die oben beschriebene Sicherheitsbewertung einschließlich der dazu erforderlichen Daten (siehe Seite 88) ist wichtigster Bestandteil der PID.
- Beschreibung der Herstellungsmethode in einer Art Herstellungsprotokoll und eine Erklärung, dass die Gute Herstellungspraxis eingehalten wurde. Ein Beispiel für ein Herstellungsprotokoll finden Sie im nachfolgenden Kasten. Das Herstellungsprotokoll ist nichts anderes als eine nachvollziehbare Erläuterung der einzelnen Herstellungsschritte.
- Daten und Nachweise über die Wirkung des kosmetischen Mittels, sofern auf eine Wirkung hingewiesen wird (z. B. „regeneriert die Haut"). Sie müssen die Wirkversprechen belegen können.
- Daten über jegliche vom Hersteller, Vertreiber oder Zulieferer durchgeführten Tierversuche, falls solche getätigt wurden.

94 Die Vermarktung von Kräutern als Kosmetika

Herstellungsprotokoll

Bezeichnung des Kosmetischen Mittels: _____

Chargennummer des Kosmetischen Mittels: _____

Herstellender des Kosmetischen Mittels: _____

Datum der Herstellung: _____

Bestandteile laut Rezeptur:

Stoff	Charge	Haltbarkeits-datum	Einwaage in g

Kurze Beschreibung des Herstellungsprozesses: *
* An dieser Stelle wird die Herstellung so beschrieben, dass die einzelnen Herstellungsschritte gut nachvollzogen werden können.

Notifizierung – Pflichtmeldung übers Internetportal

Vor Inverkehrbringen des Kosmetikproduktes müssen bestimmte Informationen über das Produkt gemeldet werden (Artikel 13 der EU-Kosmetikverordnung). Die Meldung erfolgt elektronisch und zentral beim Notifizierungsportal der EU-Kommission, von wo aus wiederum alle zuständigen Behörden über die Meldung informiert werden. So wird beispielsweise die Rahmenrezeptur an die Giftinformationszentralen übermittelt, damit im Falle einer Vergiftung rasch geeignete Maßnahmen getroffen werden können. Auch bereits auf dem Markt befindliche

Produkte, die vor Inkrafttreten des Artikels 13 (im Juli 2013) in Verkehr gebracht wurden, müssen hier erneut gemeldet werden, selbst wenn sie zuvor aufgrund nationaler Mitteilungspflichten erfasst wurden. Das Notifizierungsportal CPNP (Cosmetic Products Notification Portal) ist nicht öffentlich zugänglich und die Daten werden vertraulich behandelt. Sie werden über ein Online-Formular eingegeben und können so auch später korrigiert oder aktualisiert werden. Die Registrierung erfolgt über https://webgate.es.europa.eu/aida/selfreg. Hilfreiche Informationen und Unterstützung bei der Registrierung finden Sie beim Bundesamt für Verbraucherschutz und Lebensmittelsicherheit unter www.bvl.bund.de. Dort gibt es unter anderem ein CPNP-Benutzerhandbuch. In Österreich ist das Bundesministerium für Gesundheit zuständig und bietet unter www.verbrauchergesundheit.gv.at ausführliche Informationen an.

Folgende Meldedaten sind vorgeschrieben:
- Informationen zum Produkt (Name, Kategorie – z. B. Körperöl oder Seife).
- Anschrift der Verantwortlichen Person, bei der die Produktinformationsdatei zugänglich ist.
- Herkunftsland bei Drittlandware, also im Falle eines Imports von außerhalb der EU.
- Mitgliedsstaat, in dem das Produkt in Verkehr gebracht wird.
- Angaben zu eventuell enthaltenen Nanomaterialien oder CMR-Stoffen. CMR steht für **C**arcinogen **M**utagen **R**eproduktionstoxisch, also Stoffe, die krebserzeugend, erbgutverändernd und fortpflanzungsgefährdend sein können.
- Rahmenrezeptur: Wenn es für das Produkt keine Rahmenrezeptur gibt, oder die eigene Rezeptur nicht in den Rahmen passt, dann ist die genaue Zusammensetzung des Produktes mit INCI Bezeichnungen erforderlich. Informationen zu Rahmenrezepturen finden sie unter www.ikw.org.
- Originaletikett und Fotografie der Verpackung.

Wenn Sie in Deutschland kosmetische Mittel herstellen, dann müssen Sie unabhängig von der EU-einheitlichen Notifizierung der für Ihren Produktionsort zuständige Behörde den Ort der Kosmetikherstellung anzeigen (§ 3 D-KosmetikV). Eine Liste der für Kosmetik zuständigen Kontrollbehörden, geordnet nach Bundesländern, finden Sie unter www.bvl.bund.de.

Die Vermarktung von Kräutern als Kosmetika

Rahmenrezeptur Nr.: 1.5 – 2000 / Körperöl / Gesichtsöl	
Inhaltsstoffe	**Höchstwerte (Gewichts-%)**
Pflanzenextrakte (z. B. Rosmarin, Kamille)	10
Ethanol (ALCOHOL, ALCOHOL DENAT.)	10
Emulgatoren (z. B. STEARETH-2, STEARETH-4)	10
Feuchthaltemittel (z. B. GLYCERIN)	5
Parfümöle	5
Weitere Inhaltsstoffe (z. B. Antioxidanzien, kosmetische Farbstoffe)	1
Öle (mineralisch und/oder pflanzlich) und Silikone	Bis 100

Einschränkungen für bestimmte Stoffe

Die EU-Kosmetikverordnung beinhaltet in den Artikeln 14 bis 17 Verbote und Einschränkungen bezüglich der Verwendung von bestimmten schädlichen Stoffen. Im Anhang II der Verordnung findet sich eine Liste mit über 1300 verbotenen Stoffen und im Anhang III eine Liste von über 250 Stoffen, deren Verwendung eingeschränkt ist. In Anhang IV, V und VI werden Farbstoffe, Konservierungsstoffe und UV-Filter geregelt.

Es handelt sich dabei natürlich überwiegend um Stoffe, die nichts mit Kräutern zu tun haben und in einer natürlichen Kosmetik ohnehin nichts zu suchen hätten. Im pflanzlichen Bereich gehören zu den verbotenen Stoffen beispielsweise die verschreibungspflichtigen Pflanzenstoffe (z. B. Tollkirsche, Stechapfel) sowie Stoffe, die unter das Betäubungsmittelgesetz fallen (z. B. Opium, Hanf).

In Artikel 15 werden die als CMR-Stoffe eingestuften Substanzen ausführlich behandelt. Diese Stoffe, die krebserzeugend, erbgutverändernd oder fortpflanzungsgefährdend wirken, können nur in Ausnahmefällen unter bestimmten Voraussetzungen zugelassen werden. In Artikel 16 werden ebenfalls sehr ausführlich Nanomaterialien behandelt, die ja zunehmend in kosmetischen Mitteln verarbeitet werden. Nanopartikel sind kleiner als 100 Nanometer. Um einen verständlichen Vergleich zu geben: Die Größe eines Nanopartikels verhält sich zu der eines Fußballs wie der Fußball zur Erdkugel. Damit sind sie so klein, dass sie im Körper auch Zellmembranen passieren können. Die Verwendung von Nanomaterialien ist zwar zulässig, muss aber der EU-Kommission mit detaillierten Informationen (z. B. toxikologisches Profil, Expositionsbedingungen) angezeigt werden.

Tierversuche nicht erwünscht

Artikel 18 der EU-Verordnung widmet sich dem Thema Tierversuche, wobei Tests mit kosmetischen Mitteln am Tier verboten sind. Darunter fallen auch Rohstoffe, die nur in Kosmetika verarbeitet werden. Leider setzt man viele der Rohstoffe aber auch in anderen Bereichen (Arzneimittel, Lebensmittel, Waschmittel) ein. Das Dilemma besteht darin, dass im Bereich der Chemikaliengesetzgebung Tierversuche bei solchen Rohstoffen gesetzlich vorgeschrieben sind. So ist das kosmetische Fertigprodukt zwar tierversuchsfrei, aber der Hersteller der Rohstoffe musste möglicherweise Tierversuche durchführen, um die gesundheitliche Unbedenklichkeit zu belegen. Grundsätzlich wird aber darauf hingearbeitet, Alternativmethoden voranzutreiben (z. B. In-vitro-Methoden).

Was muss aufs Etikett?

Kosmetische Mittel dürfen nur vermarktet werden, wenn ihre Behältnisse und Verpackungen bestimmte Informationen enthalten. Die Pflicht der Kennzeichnung obliegt der Verantwortlichen Person. Die Informationen müssen unverwischbar, deutlich sichtbar und leicht lesbar sein! Das verpflichtet dazu, Schrifttyp und Schriftgröße entsprechend auszuwählen. Die Kennzeichnungselemente müssen in deutscher Sprache verfasst sein, jedoch nicht die Liste der Bestandteile und die Angabe des Ursprungslandes. Beim Kennzeichnungsort wird unterschieden zwischen Behältnis und Verpackung. Das Behältnis ist die Primärverpackung, mit der das Produkt in Berührung kommt. Mit Verpackung ist die Außenverpackung gemeint, die das Behältnis umschließt. Eine Außenverpackung ist vor allem dann sinnvoll, wenn auf dem (kleinen) Behältnis der Platz für eine Kennzeichnung nicht ausreicht. Es ist genau geregelt, welche Informationen auf Behältnis oder Verpackung stehen müssen.

Die Kennzeichnung ist das Schaufenster des Produkts und wird von einem Kontrolleur als Erstes in Augenschein genommen. Deshalb soll-

ten Sie auf diesen Teil besonderes Augenmerk legen. Folgende Angaben sind laut Artikel 19 erforderlich:
- **Name oder Firma der Verantwortlichen Person** (siehe Seite 85), sowie deren eindeutige Anschrift (Post muss ankommen). Kommt das Mittel aus einem Nicht-EU-Land, ist das Ursprungsland anzugeben. Die Information „Made in ..." muss genauso wie der Name der Verantwortlichen Person auf dem Behältnis und auf der Verpackung aufgeführt sein (Artikel 19.1a).
- Der **Nenninhalt** zum Zeitpunkt der Abfüllung als Gewichts- oder Volumenangabe wird sowohl auf Behältnis als auch auf Verpackung genannt. Dies ist nicht erforderlich bei Kosmetika mit weniger als 5 g oder 5 ml Inhalt sowie bei Gratis- und Einmalpackungen. Die Schriftgröße der Zahlenwerte ist von der Inhaltsmenge abhängig: bis 50 g oder ml – 2 mm; 50–200 g oder ml – 3 mm; 200–1000 g oder ml – 4 mm; mehr als 1 kg oder l – 6 mm (Artikel 19.1b).
- **Mindesthaltbarkeitsdatum** und Haltbarkeit nach dem Öffnen: Das Mindesthaltbarkeitsdatum wird durch den Wortlaut „Mindestens haltbar bis ..." angegeben oder mit dem Symbol der Sanduhr vor dem Datum. Es genügt die Angabe von Monat und Jahr. Falls das Datum nicht neben dem Symbol oder dem Wortlaut eingefügt ist, so ist an dieser Stelle der Ort der Angabe zu benennen. Kosmetische Mittel, die länger als 30 Monate haltbar sind, benötigen kein Mindesthaltbarkeitsdatum. Hier können Sie stattdessen die Verwendungsdauer nach dem Öffnen angeben. Dazu nutzt man das Symbol des geöffneten Cremetiegels, in den die Verwendungsdauer nach dem Öffnen eingetragen wird, und zwar mit der Abkürzung M für Monate (z. B. 12 M). Falls das Mittel auch nach dem Öffnen ohne Schaden für den Verbraucher lange haltbar ist (z. B. Parfüm), können beide Angaben entfallen. Die Symbole finden Sie bei www.ikw.org. Die Mindesthaltbarkeit muss auf Behältnis und Verpackung angegeben werden (Artikel 19.1c).
- Besondere **Vorsichtsmaßnahmen für den Gebrauch**, natürlich nur, falls erforderlich. Das könnte zum Beispiel bei einer Körperlotion der Hinweis sein: „Nicht für Kinder unter 3 Jahren verwenden." Die eventuell vorgeschriebenen Warnhinweise sind den Anhängen III bis V zu entnehmen (z. B. bei Zahnpasten „enthält Natriumfluorid") (Artikel 19.1d).
- **Chargenkennzeichnung:** Die Chargennummer soll die Identifizierung des kosmetischen Mittels ermöglichen. Dies ist wichtig für eventuelle Rückrufaktionen. Die Chargennummer ist eine Kombination aus Buchstaben und/oder Zahlen. Wie sie sich zusammensetzt,

obliegt dem Hersteller. Falls auf dem Behältnis nicht genügend Platz zu Verfügung steht, genügt es, diese Angabe auf der Verpackung zu machen (Artikel 19.1e).
- Der **Verwendungszweck des Produkts** wird auf dem Behältnis und auf der Verpackung angegeben, es sei denn, er ergibt sich eindeutig aus der Aufmachung (z. B. bei einem Lippenstift). Begriffe, die den Verwendungszweck angeben, sind beispielsweise Gesichtspflege, Sonnenschutzmittel, Handcreme und dergleichen. Obwohl die deutsche Sprache vorgeschrieben ist, dürfen auch Fremdwörter wie „Eyeliner" oder „Eau de Toilette" genutzt werden (Artikel 19.1f).
- Der **Liste der Bestandteile** ist die Angabe „Ingredients" voranzustellen. Um eine einheitliche Bezeichnung kosmetischer Rohstoffe zu gewährleisten, sind die Bestandteile mit ihren INCI-Bezeichnungen anzugeben. Die INCI-Nomenklatur (International Nomenclature Cosmetic Ingredients) umfasst etwa 15 000 Bezeichnungen für Kosmetikzutaten. Sollte eine solche Bezeichnung nicht vorhanden sein, ist die chemische Bezeichnung oder die Bezeichnung des Europäischen Arzneibuchs anzugeben. Die INCI-Bezeichnungen können in der INCI-Datenbank eingesehen werden: ec.europa.eu/consumers/cosmetics/cosing/ oder auf www.haut.de. Danach sieht zum Beispiel eine Deklaration für ein Ringelblumenhautöl folgendermaßen aus: Ingredients (INCI): Olea europaea fruit oil, Calendula officinalis Flower Extract. Auf Deutsch bedeutet dies: Ölauszug mit Olivenöl aus Ringelblumen. Es ist sicherlich sinnvoll, zusätzlich eine deutsche Deklaration vorzunehmen, da die INCI-Deklaration für viele Verbraucher den Anschein von Chemie erweckt. Bei kleinen Verpackungen gibt es in diesem Fall natürlich ein Platzproblem.
- Die Bestandteile sind in abnehmender Reihenfolge ihrer Gewichtsanteile anzugeben. Bestandteile mit einem Anteil von unter 1 % können in ungeordneter Reihenfolge aufgeführt werden. Riech- oder Aromastoffe können mit der Angabe „Parfum" oder „Aroma" zusammengefasst werden, außer den in Anhang III Nr. 67–92 aufgeführten Duftstoffen. Nanomaterialien müssen hinter der INCI-Bezeichnung mit dem in Klammern angegebenen Wort „Nano" kenntlich gemacht werden, z. B. Titanoxid (Nano). Die Liste der Bestandteile muss nur auf der (Außen-)Verpackung angegeben sein. Auf dem Behältnis ist keine Bestandteilliste nötig. Wenn es keine Außenverpackung gibt, muss sie allerdings auf dem Behältnis angegeben werden. Falls die Liste aus Platzgründen weder auf Verpackung noch auf Behältnis unterzubringen ist, dann bleibt die Möglichkeit, die Angaben auf einem beigepackten oder befestigten Zettel, Etikett, Papierstreifen,

Anhänger oder Kärtchen aufzuführen. Allerdings müssen Sie in diesem Fall durch ein vorgeschriebenes Symbol auf den Beipackzettel hinweisen. Das Symbol kann beispielsweise bei der IKW (www.ikw.org) heruntergeladen werden. Bei Artikeln, bei denen es aus praktischen Gründen unmöglich ist, Informationen in der beschriebenen Form anzubringen (z. B. Seifen, Badeperlen), können die Angaben auf einem Schild in unmittelbarer Nähe zum Artikel angebracht werden (Artikel 19.1g).

Werbeaussagen müssen wahrheitsgemäß sein

Die Kennzeichnung und Werbung für kosmetische Mittel darf nicht irreführend sein. Es darf nicht der falsche Eindruck erweckt werden, das kosmetische Mittel hätte bestimmte Merkmale und Funktionen, die es in Wirklichkeit nicht besitzt. Mit der Aussage „ohne Tierversuche" dürfen Sie nur werben, wenn dies für das Fertigerzeugnis und alle seine Bestandteile auch wirklich zutrifft. Die EU-Kommission wird sich in den nächsten Jahren vermehrt mit der Zulässigkeit der verwendeten Werbeaussagen auseinandersetzen (Artikel 20).

Unerwünschte Wirkungen melden

In Artikel 23 der EU-Kosmetikverordnung wird der Hersteller (Verantwortliche Person) dazu verpflichtet, alle ernsten unerwünschten Wirkungen, die durch das kosmetische Mittel hervorgerufen wurden, an die zuständige Behörde des Mitgliedstaates zu melden. Selbstverständlich gibt es auch Pflanzen und daraus gewonnene ätherische Öle, die Kontaktallergien auslösen können. So kann es auch durch die Verwendung „natürlicher Kosmetika" zu unerwünschten Wirkungen kommen. Zur Hitliste der pflanzlichen Kontaktallergene gehören beispielsweise die Korbblütler Arnika und Alant sowie das ätherische Öl des Teebaums (*Melaleuca*).

Für kleine Hersteller schwer, aber machbar

Die EU-Kosmetikverordnung enthält mit der vorgeschriebenen Sicherheitsbewertung einen für Kleinproduzenten schwer verdaulichen Brocken. Bevor Sie diese Hürde nehmen, sollten Sie sich überlegen, wel-

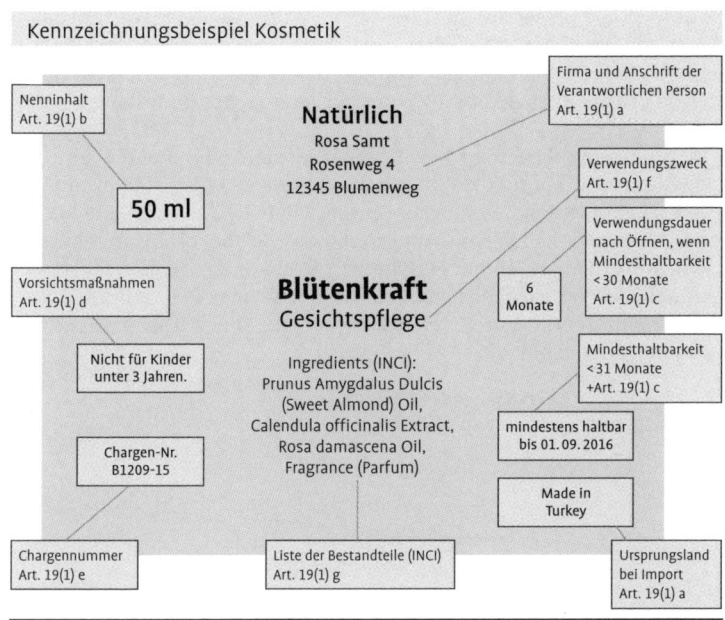

chen Umfang Ihre Kräuterkosmetik-Produktion haben soll. Die Verhältnismäßigkeit zwischen Aufwand und Ertrag muss gewahrt sein: Wer nur einmal im Jahr auf dem Weihnachtsmarkt Ringelblumencreme verkaufen will, wird das Projekt dann wohl nicht weiterverfolgen. Denn die Kosten für die Sicherheitsbewertung und die Produktionsräume sowie der organisatorische Aufwand für die Produktinformationsdatei lassen sich kaum durch den Verkauf von ein paar Hundert Tiegeln Ringelblumencreme erwirtschaften.

Grundsätzlich ist vor dem Einstieg in die Kosmetikproduktion eine Beratung bei der zuständigen Überwachungsbehörde sinnvoll. Der dort ansässige amtliche Kosmetiksachverständige kann zwar keine tiefreichende Beratung leisten, aber zumindest wird man über einige grundsätzliche Anforderungen informiert. Außerdem ist es gut, wenn die Behörden schon frühzeitig in der Aufbauphase miteinbezogen werden.

So können Sie besser abschätzen, welche Wünsche und Erwartungen die zuständigen Personen haben, und erleben bei der Kontrolle keine unliebsamen Überraschungen. Für intensivere Beratungen müssen Sie sich an private Kosmetiksachverständige oder an Beratungslabors wenden.

Bezüglich der Sicherheitsbewertung ist es sinnvoller und billiger, eine Rahmenrezeptur (Grundrezept) bewerten zu lassen und eventuelle Variationen dann extra zu bewerten. Ein Beispiel: Jede Seife oder jedes Massageöl haben ein Grundrezept, das sich höchstens durch den mengenmäßigen Anteil der enthaltenen Stoffe unterscheidet. Meist beruhen die Unterschiede zwischen den Seifen oder Ölen nur auf der Zugabe einzelner Kräuter oder ätherischer Öle. Dies würde man dann extra bewerten lassen.

Service

Adressen

Gesetze

Deutschland:
www.gesetze-im-internet.de

Europa:
www.eur-lex.europa.eu

Österreich:
www.jusline.at/gesetze

Schweiz:
www.gesetze.ch

Arzneimittel

Bundesinstitut für Arzneimittel und Medizinprodukte
Kurt-Georg-Kiesinger-Allee 3
53175 Bonn
www.bfarm.de

Bundesverband der Arzneimittel-Hersteller e. V.
Ubierstr. 71–73,
53173 Bonn
www.bah-bonn.de

Lebensmittel

Bundesministerium für Ernährung und Landwirtschaft
Postfach 14 02 70
53107 Bonn
www.bmel.de

Bundesamt für Landwirtschaft und Ernährung
Deichmanns Aue 29
53179 Bonn
www.ble.de
und ebenfalls ein Service der BLE: www.oekolandbau.de

Bundesamt für Verbraucherschutz und Lebensmittelsicherheit
Mauerstraße 39–42
10117 Berlin
www.bvl.bund.de

Bundesinstitut für Risikobewertung
Postfach 126942
10609 Berlin
www.bfr.bund.de

Bayerisches Staatsministerium für Umwelt und Verbraucherschutz
Rosenkavalierplatz 2
81925 München
www.vis.bayern.de

AG Direktvermarktung
Regierungspräsidium Stuttgart, Referat 34
Postfach 800709
70507 Stuttgart
www.direktvermarktung.landwirtschaft-bw.de

aid infodienst Verbraucherschutz, Ernährung, Landwirtschaft e. V.
Heilsbachstraße 16
53123 Bonn
www.aid.de

B. Behr's Verlag GmbH
Averhoffstraße 10
22085 Hamburg
www.haccp.de

Fachverband der Gewürzindustrie e. V.
Reuterstraße 151
53113 Bonn
www.gewuerzindustrie.de

Ökoplant e. V.
Himmelsburger Str. 95
53474 Bad Neuenahr-Ahrweiler
www.oekoplant-ev.de

Vorest AG
Bleichstr. 21
75173 Pforzheim
www.haccp-hygienemanagement.de

Wirtschaftsvereinigung Kräuter- und Früchtetee e. V.
Sonninstr. 28
20097 Hamburg City Süd
www.wkf.de

Österreich:
Kommunikationsplattform VerbraucherInnengesundheit
www.verbrauchergesundheit.gv.at

Ländliches Fortbildungsinstitut
www.hygiene-schulung.at (Online-Schulung)

Schweiz:
Bundesamt für Lebensmittelsicherheit und Veterinärwesen
www.blv.admin.ch

Kosmetik

Bundesamt für Verbraucherschutz und Lebensmittelsicherheit
Mauerstraße 39–42
10117 Berlin
www.bvl.bund.de

Bundesinstitut für Risikobewertung
Postfach 126942
10609 Berlin
www.bfr.bund.de

Österreich:
Bundesministerium für Gesundheit
www.verbrauchergesundheit.gv.at

Schweiz:
Bundesamt für Lebensmittelsicherheit und Veterinärwesen
www.blv.admin.ch

Bundesverband Deutscher Industrie- und Handelsunternehmer für Arzneimittel, Reformwaren und Körperpflegemittel e. V.
L 11, 20–22
68161 Mannheim
www.bdih.de

health&media GmbH
Dolivostraße 9
64293 Darmstadt
www.haut.de

Industrieverband Körperpflege und Waschmittel e. V.
Karlstr. 21
60329 Frankfurt
www.ikw.org
und ebenfalls ein Service der IKW:
www.sicherheitsbewerter.info

Cosmetics Europe – The Personal Care Association
Avenue Herrmann Debroux 40
B-1160 Auderghem
Brussels
Belgium
www.cosmeticseurope.eu

Schweizer Kosmetik und Waschmittelverband
Breitingerstrasse 35
Postfach 2138
8027 Zürich
Schweiz
www.skw-cds.ch

INCI-Bezeichnungen:
ec.europa.eu/consumers/cosmetics/cosing/index.cfm

Prüflabore

Pharmaplant GmbH
Am Westbahnhof 4
06556 Artern
Tel.: 03466-32560
www.pharmaplant.de

Phyto-Consulting
Dr. Ernst Schneider
Seeblick 11
84163 Marklkofen
www.phyto-consulting.de

PhytoLab GmbH & Co. KG
Dutendorfer Straße 5-7
91487 Vestenbergsgreuth
www.phytolab.de

Bildquellen

EU-Biosiegel: Prüfinstitut LACON GmbH
Titelfoto: Heike Schmidt-Röger

Schnell gefunden

Allergene Substanzen 61
Anbau von Heilpflanzen 22
Arzneibuch 17
Arzneimittel 10, 14
–, freiverkäuflich 19, 21
–, verschreibungspflichtig 19
Arzneimittelgesetz 14

Bedarfsgegenstände 11
Bestrahlung 66
Betriebsstätten 27
Bio-Kennzeichnung 66
Drogen 17

Eichgesetz 44
Etikett 45, 97
EU-Kosmetikverordnung 84

Fertigpackungen 45, 57
Fruchtaufstrich 50
Fuchsbandwurm 7
Füllmenge 56

GACP-Richtlinien 37
Gentechnisch veränderte Organismen 65
Gewerbeordnung 39
GMP-Leitfaden 37

HACCP 31
Haftung 25
Haftungsausschluss 4
Handwerksordnung 41
Health Claims 68
Heilpflanzen, apothekenpflichtig 19
Herstellungstechniken 5
Hofladen 40

INCI-Kennzeichnung 99
Inventarliste der Wirtschaftsvereinigung
  Kräuter- und Früchtetee 79

Konfitüre 49
Konfitürenverordnung 49

Kosmetik-Verordnung 84
Kosmetische Mittel 11
Kräuteressig 56
Kräutersalz 48
Kräutertee 47, 71
Kräuterführungen 4

Ladenschluss 44
Lebensmittel 10, 25
Lebensmittelgesetzbuch 25
Lebensmittelhygiene 26
Lebensmittelhygiene nach HACCP 31
Lebensmittelkennzeichnung 44
Liköre 53
lose Ware 72
Loskennzeichnungsverordnung 58

Marmelade 49
Mengenbegrenzung 81
Mengenkennzeichnung 52
Mindesthaltbarkeitsdatum 54

Nährwertkennzeichnung 59
Nanomaterialien 96
Notifizierung 94
Novel-Food-Verordnung 82

Personalhygiene 28
Pesto 45
Pflanzen sammeln 6
Pflanzenschutzmittel 38
Preisauszeichnung 58
Produkthaftung 25
Produktinformationsdatei 93
Pyrrolizidinalkaloide 19, 78

QS-Prüfzeichen 37
Qualitätssicherung 36

Sachkundenachweis 21
Sammelgenehmigung 6
Standardzulassung 15
Sicherheitsbewertung 92

Steuerregeln 42
Stoffliste „Pflanzen und Pflanzenteile\" des
   Bundesamtes für Verbraucherschutz und
   Lebensmittelsicherheit 80

Teekräuter 25, 47
Teevermarktung 83

Urproduktion 39

Verantwortliche Person 85

Verbrauchergewohnheit 12
Verkaufseinrichtungen, mobil 28
Verkehrsauffassung 12
Verkehrsbezeichnung 46

Würzöle 25

Zutatenverzeichnis 51
Zweckbestimmung 11

Der Autor

Rudi Beiser beschäftigt sich seit über 30 Jahren mit Kräutern und Heilpflanzen. Er gibt regelmäßig Seminare zu Kräuteranbau, Wildkräuterküche und Pflanzenheilkunde, unter anderem auch in der renommierten Freiburger Heilpflanzenschule.

Die in diesem Buch enthaltenen Empfehlungen und Angaben sind vom Autor mit größter Sorgfalt zusammengestellt und geprüft worden. Eine Garantie für die Richtigkeit der Angaben kann aber nicht gegeben werden. Autor und Verlag übernehmen keine Haftung für Schäden und Unfälle. Bitte setzen Sie bei der Anwendung der in diesem Buch enthaltenen Empfehlungen Ihr persönliches Urteilsvermögen ein. Der Verlag Eugen Ulmer ist nicht verantwortlich für die Inhalte der im Buch genannten Websites.

Bibliografische Information der Deutschen Nationalbibliothek
Die Deutsche Nationalbibliothek verzeichnet diese Publikation in der Deutschen Nationalbibliografie; detaillierte bibliografische Daten sind im Internet über http://dnb.d-nb.de abrufbar.

Das Werk einschließlich aller seiner Teile ist urheberrechtlich geschützt. Jede Verwertung außerhalb der engen Grenzen des Urheberrechtsgesetzes ist ohne Zustimmung des Verlages unzulässig und strafbar. Das gilt insbesondere für Vervielfältigungen, Übersetzungen, Mikroverfilmungen und die Einspeicherung und Verarbeitung in elektronischen Systemen.

© 2016 Eugen Ulmer KG
Wollgrasweg 41, 70599 Stuttgart (Hohenheim)
E-Mail: info@ulmer.de
Internet: www.ulmer-verlag.de
Lektorat: Ulf Müller, Antje Munk
Herstellung: Gabriele Wieczorek
Umschlagentwurf: Verlag Eugen Ulmer
Satz: r&p digitale medien, Echterdingen
Druck und Bindung: Graph. Großbetrieb Friedrich Pustet, Regensburg
Printed in Germany

ISBN 978-3-8001-7997-8